国家可持续发展实验区创新能力评价报告 2014

中国21世纪议程管理中心　编

科学技术文献出版社
·北京·

图书在版编目（CIP）数据

国家可持续发展实验区创新能力评价报告.2014 / 中国21世纪议程管理中心编. —北京：科学技术文献出版社，2015. 12

ISBN 978-7-5189-0835-6

Ⅰ.①国… Ⅱ.①中… Ⅲ.①可持续性发展—实验区—研究报告—中国—2014 Ⅳ.①F127.9 ②X22

中国版本图书馆 CIP 数据核字（2015）第 272758 号

国家可持续发展实验区创新能力评价报告2014

策划编辑：李　蕊　　责任编辑：丁芳宇　　责任校对：赵　瑗　　责任出版：张志平

出　版　者　科学技术文献出版社
地　　　址　北京市复兴路15号　邮编 100038
编　务　部　（010）58882938，58882087（传真）
发　行　部　（010）58882868，58882874（传真）
邮　购　部　（010）58882873
官 方 网 址　www.stdp.com.cn
发　行　者　科学技术文献出版社发行　全国各地新华书店经销
印　刷　者　北京时尚印佳彩色印刷有限公司
版　　　次　2015 年 12 月第 1 版　2015 年 12 月第 1 次印刷
开　　　本　889 × 1194　1/16
字　　　数　133千
印　　　张　8.75
书　　　号　ISBN 978-7-5189-0835-6
定　　　价　68.00元

《国家可持续发展实验区创新能力评价报告 2014》

编写组

组　长：郭日生　中国 21 世纪议程管理中心　主任

副组长：彭斯震　中国 21 世纪议程管理中心　副主任

　　　　仲伟俊　东南大学经济管理学院　教授

成　员：周海林　中国 21 世纪议程管理中心　处长 / 研究员
　　　　孙新章　中国 21 世纪议程管理中心　研究员
　　　　张巧显　中国 21 世纪议程管理中心　处长 / 研究员
　　　　王志强　中国 21 世纪议程管理中心　副研究员
　　　　姚　娜　中国 21 世纪议程管理中心　助理研究员
　　　　卫新锋　中国 21 世纪议程管理中心　助理研究员
　　　　贾国伟　中国 21 世纪议程管理中心　助理研究员
　　　　张玉林　东南大学经济管理学院　教授
　　　　梅姝娥　东南大学经济管理学院　教授
　　　　金杰平　东南大学经济管理学院　硕士研究生
　　　　赵雅亭　东南大学经济管理学院　硕士研究生
　　　　肖　斌　东南大学经济管理学院　硕士研究生
　　　　张青青　东南大学经济管理学院　硕士研究生
　　　　黄秋萍　东南大学经济管理学院　硕士研究生
　　　　曹素贞　东南大学经济管理学院　硕士研究生
　　　　刘　竹　东南大学经济管理学院　硕士研究生
　　　　谢晨辉　东南大学经济管理学院　硕士研究生
　　　　江芬芬　东南大学经济管理学院　硕士研究生

序

为贯彻落实《中共中央 国务院关于深化科技体制改革加快国家创新体系建设的意见》（中发〔2012〕6号）有关要求，科技部于2013年启动了建立国家创新调查制度工作。国家创新调查制度的工作重点是对国家、区域、企业、典型产业和创新密集区的创新能力进行监测和评价，从而全面、客观、准确地测度创新驱动发展战略实施成效，评价创新型国家建设进程。

国家可持续发展实验区（以下简称“实验区”）自1986年创建以来，积极发挥科技示范引领作用，带动地方经济社会环境全面、协调、可持续发展，是我国典型创新密集区之一。根据科技部总体工作部署，自2014年年初开始，社会发展科技司会同中国21世纪议程管理中心组织开展了实验区创新能力监测和评价工作。其中，社发司牵头创新能力监测工作，21世纪中心牵头创新能力评价工作。

为全面、客观评价实验区的创新能力，21世纪中心先后多次组织专家召开实验区创新能力评价研讨会，就报告的框架、体例等进行了反复讨论，最终确定从科技创新、管理创新、可持续发展状况三个维度对不同类型实验区的创新能力进行评价。但是，由于管理创新属于定性范畴，难以形成量化数据，且对其评价需要专家在对各个实验区充分了解的基础上才可行。为确保报告的严谨性，在本次评价中暂未将管理创新纳入指标体系。

本报告共分六章。第一章简要介绍了实验区的发展历程及评价方法；第二章对实验区创新能力监测数据进行了整体分析；第三章采用创新指数的方法分析了各创新要素的变化及对创新能力的贡献；第四章就实验区的创新能力与所在省和全国平均水平进行了比较；第五章对各类型实验区的创新能力进行了比较；第六章为主要结论。

这是第一份国家可持续发展实验区创新能力评价报告，由于该项工作的高度复杂性，报告中的缺陷在所难免，我们恳请社会各界多提宝贵意见，以便我们在今后的工作中不断改进。

编者

2015 年 8 月

目录

Contents

前　言

第一章

一、实验区的发展与现状

（一）实验区的发展历程

1978 年党的十一届三中全会以后，中国经济快速发展，尤其是东部地区新的机制和体制释放出了巨大的生产力，经济发展显现出勃勃生机。然而，在经济快速发展的同时，一些新的问题开始出现，如贫富差距逐渐拉大、环境问题日益凸现、住房通信和交通等基础设施明显不足。在此背景下，1986 年原国家科委联合城乡建设部等十四个部门和单位，按照“自我设计”“自加压力”“自我发展”的原则，在我国东部选择若干经济发展比较快的地区开展“社会发展综合示范试点”工作。综合示范试点的主要任务是，在先进的科学技术指导下，科学地制订地区社会发展总体规划，全面提高人的身体素质、思想政治素质、科学文化素质，实现经济、社会、生态效益的综合提高，物质文明和精神文明的同时建设，三次产业协调发展，为建设有中国特色的社会主义做出有益探索。该项试点最早在江苏常州市和锡山市华庄镇进行，经过三年试点，到 1989 年即取得很显著成效，对促进地方社会发展产生了积极的影响。

1992 年原国家科委在总结社会发展综合示范试点工作的基础上，提出要逐步建立一批社会发展综合实验区，原国家科委、国家体改委联合国务院有关部、委、局、办出台了《关于建立社会发展综合实验区的若干意见》，建立了由国家科委、国家体改委牵头、会同国务院有关部门组成的协调领导小组，设立了社会发展综合实验区管理办公室，明确建立社会发展综合实验区主要以县镇和大城市的街区为对象，主要建设任务是加强科技开发和成果推广应用工作，积极探索与商品经济相适应的社会事业管理运行机制，增强社会事业自我积累、自我发展的能力，建立与现代社会发展相适应的新型社会服务模式。在《若干意见》的指导和多部门的联合推动下，社会发展综合实验区在全国快速发展。截至 1996 年年底，共批准国家级社会发展综合实验区 26 个，省级实验区 45 个。

1992 年，巴西里约热内卢召开的联合国环境与发展大会把可持续发展列为人类迈向 21 世纪的共同发展战略，会议通过了《21 世纪议程》。1994 年 3 月，中国政府率先制订了全球第一个国家级 21 世纪议程——《中国 21 世纪议程—中国 21 世纪人口、环境与发展白皮书》。1997 年 12 月，社会发展综合实验区协调领导小组向国务院有关领导汇报了实验区的工作，得到了国务院领导的肯定。会议认为，进一步推广实验区的成功经验是实施好可持续发展战略这件大事的有效途径，对贯彻“可持续发展”战略和“科教兴国”战略，推动经济与社会协调发展有重要意义。会议同意将“社会发展综合实验区”更名为“可持续发展实验区”，实验区工作进入了以实施可持续发展战略、促进地方 21 世纪议程为主要内容的建设阶段。

进入 21 世纪之后，为加强实验区的建设和管理，科技部先后组织制定了《国家可持续发展实验区管理办法》，发布了《国家可持续发展实验区工作指南》，进一步明确开展实验区工作的目标是：从中央和地方两个层次，选择具有代表性和示范性的市、县、以及大城市的行政区，依靠科技进步、机制创新和制度建设，全面提高实验区的可持续发展能力，探索不同类型地区的经济、社会与人口、资源、环境协调和持续发展的新机制和新模式，逐步建立一批可持续发展的新型社区，为不同类型的地区提供示范，为我国的可持续发展积累经验。

经过近 30 年持之不懈的推进，我国已建成了一批各具特色的国家可持续发展实验区，在大城市改造、小城镇建设、城乡一体化、社区管理、环境保护及资源可持续利用、生态保护和修复、循环经济、资源型城市发展、旅游资源的可持续开发与保护等许多方面积累了丰富的经验，探索形成了一些新的发展模式和机制，取得了很大的成效，并产生了显著的国际影响，成为我国实施可持续发展战略的一张靓丽的名片。

（二）实验区建设现状和参评对象

截至 2014 年 10 月，在中央各有关部门和地方政府的共同努力下，已建立国家可持续发展实验区 157 个（各实验区成立时间等信息见附录），分布在全国 30 个省（区、市）。从地区分布看，东部 81 个、中部 45 个、西部 31 个，东部占比超过一半。

按照行政区划类型不同，除山东省黄河三角洲和山东省潍坊市高新技术产业开发区之外，国家可持续发展实验区可以分为县域型、城区型、地级市型和乡镇型等四类。其中县域型 76 个、城区型 49 个、地级市型 24 个、乡镇型 6 个，分别占 49%、32%、

15% 和 4%。考虑到数据的可获得性、质量以及地区之间的可比性，本次国家可持续发展实验区创新能力评价，只涉及 76 个县域型、49 个城区型和 23 个地级市型实验区。

图 1–1　国家可持续发展实验区分布

二、实验区创新能力概念和评价指标体系

（一）实验区创新能力概念

实验区创新属于区域创新的范畴，主要是通过科技创新和管理创新，大力实施创新驱动发展战略，支撑引领区域经济和社会的全面协调可持续发展。

实验区创新能力是指在区域层面上协同推进科技创新和管理创新，探索新体制、新机制和新模式，促进区域经济社会与资源环境协调发展、当代与未来协调发展的能力。

国家可持续发展实验区建设的重要任务之一是加强管理创新，探索新的发展模式和体制机制。实验区创新能力评价，管理创新能力应该是其中的重要组成部分。但是，由于实验区的类型比较多样，各类实验区的重点管理创新领域和内容存在明显的差异，相互之间的可比性不强。同时，管理创新能力评价以定性为主，需要大量的专家了解各个实验区的管理创新状况，并作出判断，涉及的工作量比较大。为此，本次创新能力评价，只涉及科技创新与可持续发展两个方面。

（二）实验区创新能力评价指标体系

依据实验区特点，借鉴已有的关于区域评价的相关研究，特别是考虑数据的可获得性和获取数据的质量，构建如表 1–1 所示的国家可持续发展实验区创新能力评价指标体系。该指标体系包含 2 个一级指标、5 个二级指标和 23 个三级指标。两个一级指标分别是科技创新和可持续发展。科技创新包含两个二级指标，分别是科技投入和科技产出，可持续发展由经济发展、社会和谐与环境友好等三个二级指标构成。由于城区型实验区一般不涉及农民和农村等问题，只有 20 个指标。评价指标体系中各个指标的具体解释和权重见附录。

表 1–1 国家可持续发展实验区创新能力评价指标体系

一级指标	二级指标	三级指标		备注
		序号	名称	
科技创新	科技投入	1	本级科学技术支出（万元）	
		2	本级科学技术支出所占比例（%）	
		3	人均本级科学技术支出（元 / 人）	
		4	人均本级科学技术支出增长率 (%)	
	科技产出	5	万人专利授权数（件 / 万人）	
		6	百万人累计认定并有效的高新技术企业（家）	
		7	高新技术产业产值占工业总产值比 (%)	
		8	百万人授权发明专利数（件）	
		9	百万人授权发明专利数增长率 (%)	

续表

一级指标	二级指标	三级指标		备注
		序号	名称	
可持续发展	经济发展	10	人均 GDP（元 / 人）	
		11	人均 GDP 增长率 (%)	
		12	万人新登记注册企业数（家）	
	社会和谐	13	新生儿死亡率（‰）	
		14	城镇登记失业率（%）	
		15	亿元 GDP 生产安全事故死亡率（%）	
		16	城镇居民人均可支配收入（元 / 人）	
		17	农村居民人均纯收入（元 / 人）	城区不采用
		18	城乡收入比	城区不采用
		19	农村居民人均纯收入增长率 (%)	城区不采用
		20	城镇居民人口比重（%）	
	环境友好	21	单位 GDP 能耗（吨标煤 / 万元）	
		22	单位 GDP 能耗下降率 (%)	
		23	空气质量达到二级以上天数占全年比重 (%)	

三、创新能力指数计算和创新能力综合评价方法

国家可持续发展实验区创新指数计算和创新能力评价，均采用各实验区填报的数据。实验区创新能力总得分是实验区在科技创新和可持续发展两个方面得分的和，并据此对实验区的创新能力进行排序。在对定量指标进行得分处理时，如果实验区填报的指标数据明显异常，或者未填报数据，实验区在该指标上的得分按最低得分处理。

（一）创新能力指数计算方法

基于国家可持续发展实验区创新能力评价指标体系，创新能力指数的计算过程是：首先计算各个指标的对称增长率，即以本期和上期两者的平均数为基数求得相对增长

率；然后分层级对各指标进行加权，由各指标的合成指数作为国家可持续发展实验区的创新能力指数。

（1）各个指标增长率的计算采用对称增长率，计算公式如下：

$$Y_{it}=\frac{X_{it}-X_{it-1}}{\frac{X_{it}+X_{it-1}}{2}}\times 100$$

其中 Y_{it} 表示第 i 个指标在第 t 年的对称增长率。

对称增长率可以消除基数变化的影响，使上升与下降量均等，因而较一般增长率而言更为平稳，而且能有效防止分母为 0 而造成的无法计算。

（2）将下层级指标的对称增长率加权合成为上层级指数，计算公式如下：

$$W_{jt}=\frac{\sum_{i=1}^{n}Y_{it}\times A_{i}}{\sum_{i=1}^{n}A_{i}}$$

其中 W_{jt} 表示第 j 个上层指数的加权对称增长率，A_j 是第 i 个下层指标的权重。

（3）合成指数，计算公式如下：

$$S_{jt}=S_{j,t-1}\times(200+W_{jt})/(200\text{-}W_{jt})$$

其中 S_{jt} 表示第 t 年的合成指数，$S_{j,\ t-1}$ 为基期，初始值设为 100。国家可持续发展实验区创新能力指数的基期选择为 2009 年。

（二）创新能力综合评价方法

1. 创新能力的构成及分值确定方法

国家可持续发展实验区的创新能力评价，总分为 100 分。其中，科技创新为 50 分，被评对象的得分由评价指标体系中“科技投入”“科技产出”部分对应指标标准化后的权重和确定。可持续发展也为 50 分，被评对象的得分由评价指标体系中的“经济发展”“社会和谐”和“环境友好”三部分的相应指标标准化后的权重和确定。

2. 指标的标准化

国家可持续发展实验区创新能力评价指标体系中涉及的指标，包含越大越好的效益型指标和越小越好的成本型指标两类。

对效益型指标，按下式转化为 [0,1] 间的数，效益最好的取值为 1，效益最差的取值为 0。

$$u = \frac{y - y_{\min}}{y_{\max} - y_{\min}}$$

对成本型指标，按下式转化为 [0,1] 间的数，成本最小的取值为 1，成本最大的取值为 0。

$$u = \frac{y_{\max} - y}{y_{\max} - y_{\min}}$$

国家可持续发展
实验区创新能力评价报告 2014

国家可持续

第二章

发展实验区创新能力建设状况

本章分别针对 76 个县域型、49 个城区型和 23 个地级市型国家可持续发展实验区，从科技创新和可持续发展两大方面分别计算 2009—2013 年各个指标的平均值，分析实验区创新能力的基本建设状况。①

一、县域型国家可持续发展实验区创新能力建设情况

（一）科技创新

1. 科技投入

2009—2013 年县域型国家可持续发展实验区的本级科学技术支出及其占当年本级财政一般预算支出比例的情况如图 2-1 所示。

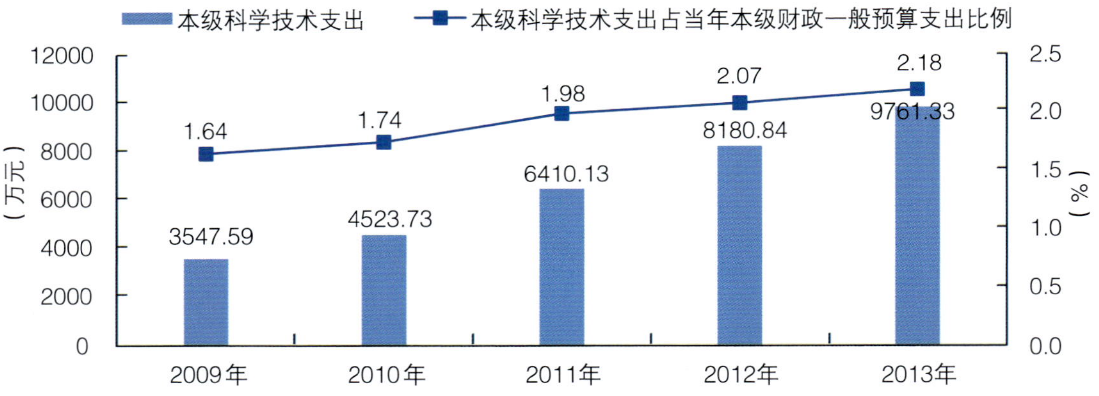

图 2-1　2009—2013 年县域型国家可持续发展实验区科技投入情况

数据表明，2009—2013 年，实验区本级科学技术支出占当年本级财政一般预算支出比例平均由 1.64% 逐年增加到 2.18%；平均每个县域型实验区的本级科学技术支出由 3547 万元逐年增长到 9761 万元，年均增长 28.79%。

① 本章中的增长率是两年指标值的同比增长率，即第 t 年的增长率为 $(x_t-x_{t-1})/x_{t-1}\times 100\%$；本章多年的年均增长率计算公式为：((B/A)/^(1/n)-1) × 100%，B 为末年值，A 为首年值，n= 末年年份 – 首年年份

县域型实验区的人均本级科学技术支出及其增长情况如图 2-2 所示。显然，人均本级科学技术支出也逐年增长，由 2009 年的 50.43 元 / 人增长到 2013 年的 127.11 元 / 人，年均增长 26.0%。但每年的增长率存在较大差别，2011 年增长率达到 43.39%，2013 年的增长率为 17.78%。

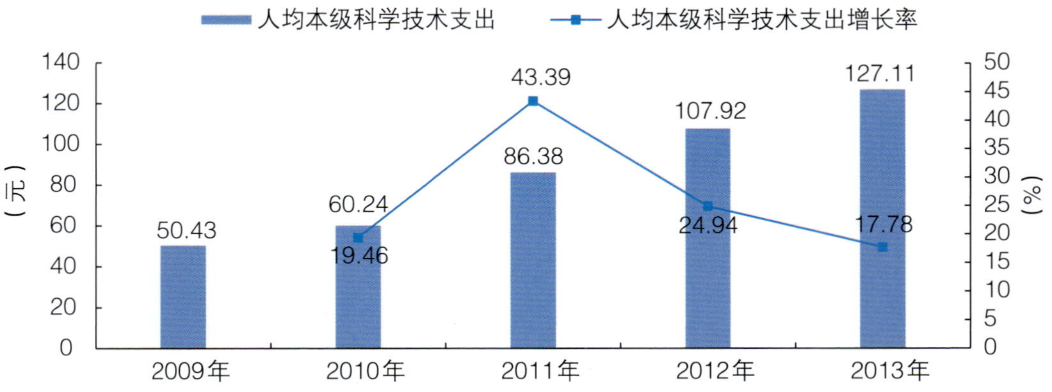

图 2-2　2009—2013 年县域型国家可持续发展实验区人均本级科学技术支出情况

2. 科技产出

在科技产出方面，县域型实验区的专利产出和高新技术产业均快速发展（图 2-3）。2009—2013 年，平均每个县域型实验区的万人专利授权数年均增长 19.29%，2013 年达到 10.28 件 / 万人，但 2013 年比 2012 年减少 12.79%。平均每个县域型实验区

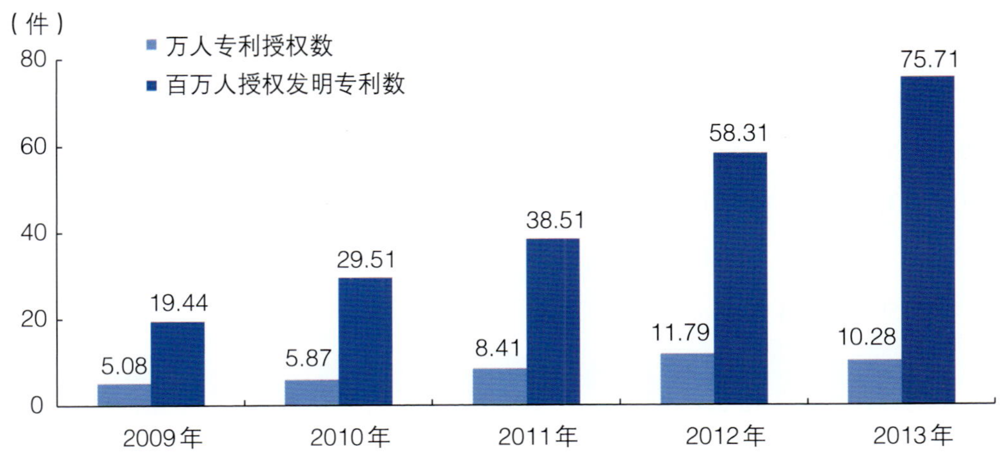

图 2-3　2009—2013 年县域型国家可持续发展实验区专利产出情况

的百万人授权发明专利数也呈持续快速增长，以年均 40.47% 的增长率由 2009 年的 19.44 件 / 百万人增长到 2013 年的 75.71 件 / 百万人。

县域型实验区高新技术产业发展情况如图 2–4 所示。平均每个县域型实验区的百万人累计认定并有效的高新技术企业数快速增加，2009 年平均为 12.48 家，2013 年达到 32.51 家，年均增加 27.05%。高新技术产业产值占工业总产值的比例也呈逐年上升态势，由 2009 年的 14.38% 逐年提升到 2013 年的 19.07%，提高了 4.69 个百分点。

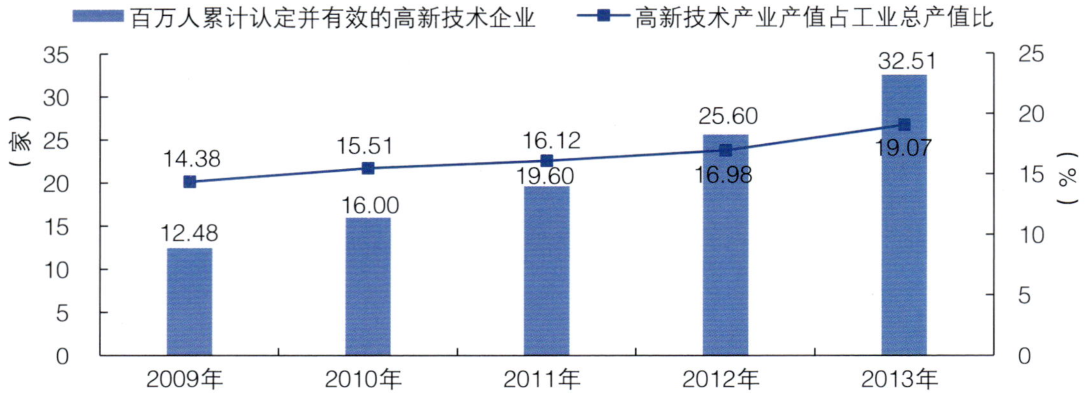

图 2–4　2009—2013 年县域型国家可持续发展实验区高新技术产业发展情况

（二）可持续发展

1. 经济发展

2009—2013 年县域型实验区的人均 GDP 及其每年的同比增长情况如图 2–5 所示。2009–2013 年人均 GDP 年均增长 14.51%，2013 年平均每个县域型实验区达到 56343.88 元 / 人；但人均 GDP 的增长速度呈逐年下降的态势，2010 年人均 GDP 增长率为 18.55%，2013 年减少到 10.07%。

在人均 GDP 持续增长的同时，县域型实验区的经济发展保持充沛的活力。万人新登记注册企业数逐年增长，2009—2013 年年均增长 16.90%，2013 年增长高达 33.43%，平均每个县域型实验区达到 22 家 / 万人。

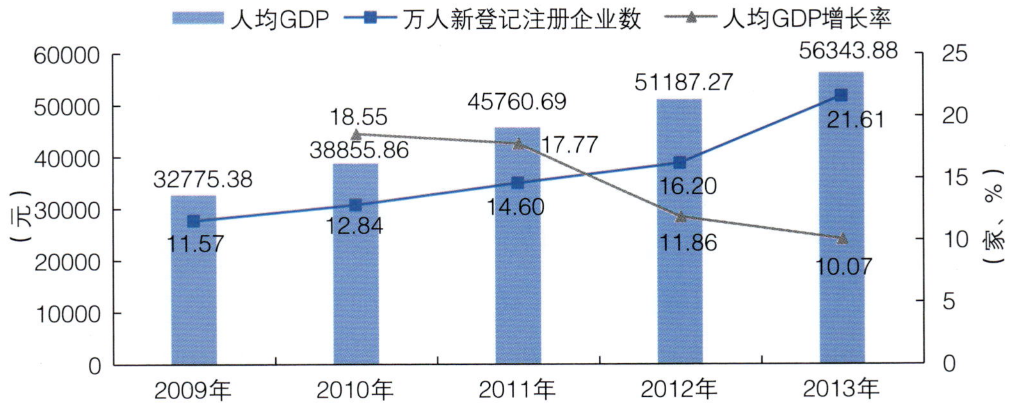

图 2-5 2009—2013 年县域型国家可持续发展实验区经济发展情况

2. 社会和谐

2009—2013 年县域型实验区的社会发展主要指标如图 2–6 和图 2–7 所示。

在人口健康方面，新生儿的死亡率持续减少，由 2009 年的 5.26‰降到 2013 年的 3.57‰，年均减少 9.28%。在就业保障方面，城镇登记失业率逐年降低，由 2009 年的 3.24% 下降到 2013 年的 2.83%，年均下降 3.31%。

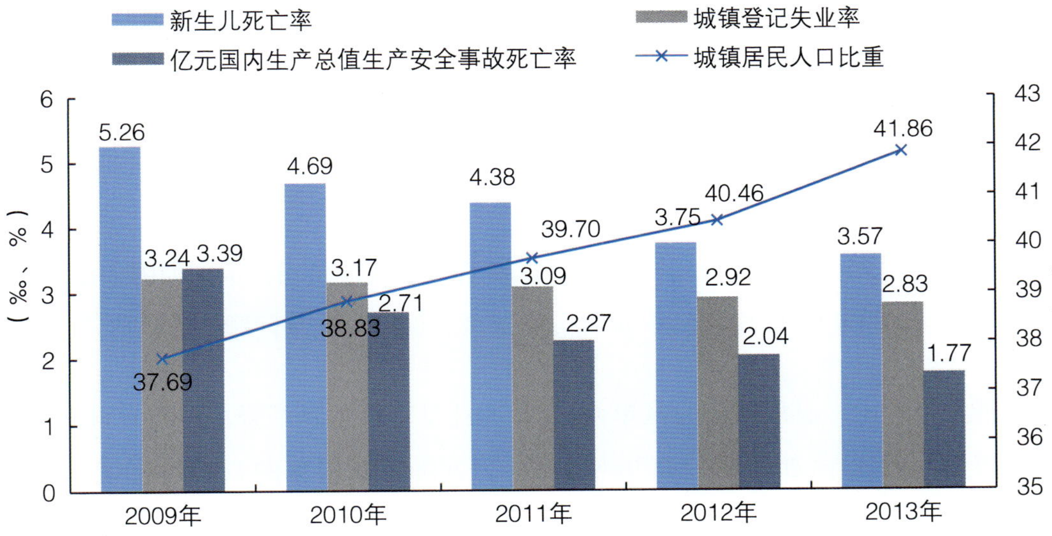

图 2-6 2009—2013 年县域型国家可持续发展实验区社会和谐发展情况

生产安全状况逐年显著改善，亿元国内生产总值生产安全事故死亡率由 2009 年的 3.39% 下降到 2013 年的 1.77%。

在城乡结构方面，城镇居民人口所占的比重逐年增长，由 2009 年的 37.69% 上升到 2013 年 41.86%。

在城乡居民收入方面，城镇居民人均可支配收入和农村居民人均纯收入均保持两位数的增长速度，年均分别增长 12.52% 和 14.68%，2013 年分别达到 24125.03 元／人和 11964.77 元／人，且农村居民人均纯收入的增长速度高于城镇居民人均可支配收入。这样，城乡间的收入差距有所减小，城乡居民收入比由 2009 年的 2.28 下降为 2013 年的 2.11。

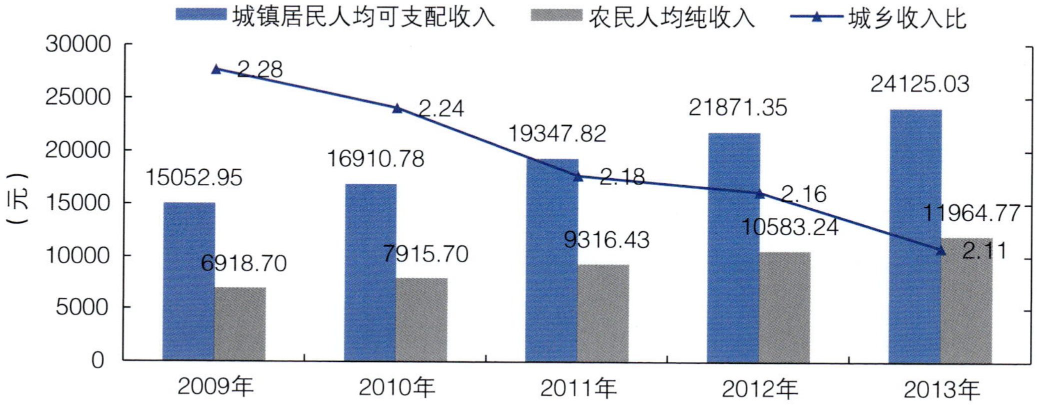

图 2-7　2009—2013 年县域型国家可持续发展实验区社会和谐发展情况

3. 环境友好

2009—2013 年县域型实验区的单位 GDP 能耗和空气质量指标情况如图 2-8 所示。数据显示，县域型实验区单位 GDP 能耗逐步降低，但空气质量问题日益凸显。

在能源消耗上，县域型实验区单位 GDP 能耗呈持续下降态势，2009—2013 年年均分别减少 5.63%，由 2009 年的 1.36 吨标煤／万元降到 2013 年的 1.10 吨标煤／万元。

空气质量方面，2009—2012 年平均每个县域型实验区的空气质量达到二级以上天数占全年的比重逐年小幅上升，但 2013 年相比 2012 年出现明显下滑，由 2012 年的

92.22% 下降为 2013 年的 90.06%，降低 2.16 个百分点。

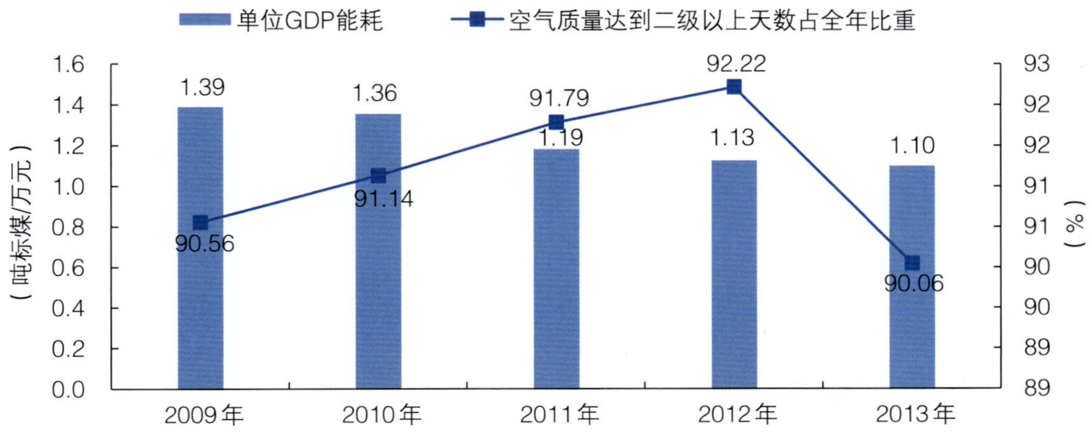

图 2-8 2009—2013 年县域型国家可持续发展实验区环境友好发展情况

二、城区型国家可持续发展实验区创新能力建设情况

（一）科技创新

1. 科技投入

2009—2013 年城区型国家可持续发展实验区的本级科学技术支出及其占当年本级财政一般预算支出比例情况如图 2–9 所示。2009—2013 年，平均每个城区型实验区的本级科学技术支出由 5405 万元增长到 10532 万元，年均增长 18.14%，2013 年增长 22.55%。同时，本级科学技术支出占当年本级财政一般预算支出比例平均由 2009 年的 2.26% 提升到 2013 年 2.42%。但是，相比 2011 年，2012 年城区型实验区本级科学技术支出及其占当年本级财政一般预算支出比例均有所下降，几年间的增长不稳定。

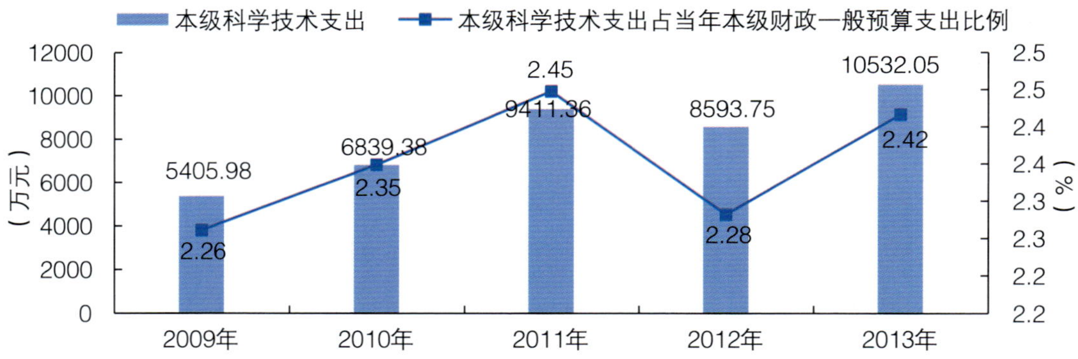

图 2-9　2009—2013 年城区型国家可持续发展实验区科技投入发展情况

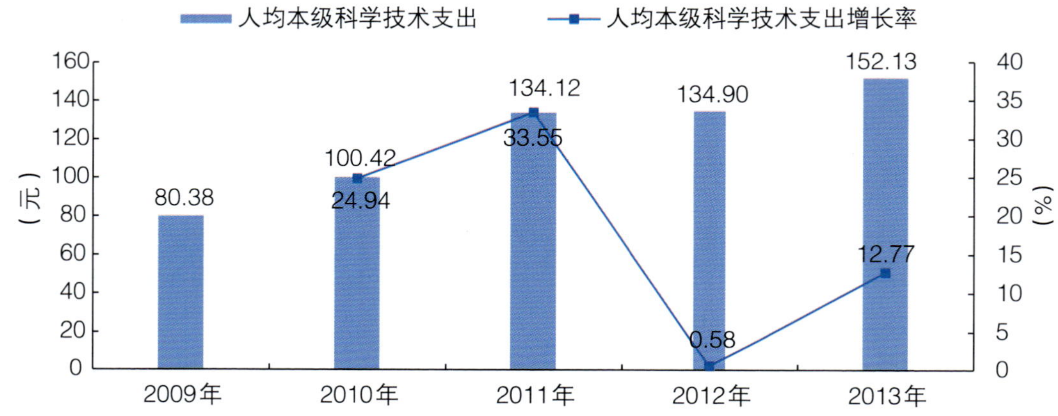

图 2-10　2009—2013 年城区型国家可持续发展实验区人均本级科学技术支出发展情况

关于城区型实验区的人均本级科学技术支出，2009—2013 年呈逐年增长态势（图 2-10），由 2009 年的 80.38 元／人增长到 2013 年的 152.13 元／人，年均增长 17.29%。但每年的增长率存在较大差别，2011 年增长率达到 33.55%，2012 年和 2013 年的增长率分别只有 0.58% 和 12.77%。

2. 科技产出

科技产出方面，城区型实验区专利产出和高新技术产业均快速发展，且专利产出的发展速度更快。

首先在专利产出方面，城区型实验区的产出情况如图 2-11 所示，2009—2013 年万人专利授权数年均增长 24.83%，2013 年达到 34.49 件／万人，总体呈增长态势，但 2013 年相比 2012 年略降 1.15%。城区型实验区的百万人授权发明专利数呈快速增长态势，以年均 18.36% 的增长率由 2009 年的 152.22 件 / 百万人增长到 2013 年的 298.79 件 / 百万人。但是，2011 年以 63.50% 速度快速增长后 2012 年减少 6.36%，增长具有不稳定性。

城区型实验区高新技术产业发展情况如图 2–12 所示。其中，百万人累计认定并有效的高新技术企业数持续增加，2009 年平均每个城区 51.25 家，2013 年达到 99.76 家，年均增长 18.12%。高新技术产业产值占工业总产值的比例也呈逐年上升的态势，由 2009 年的 28.12% 逐年提升到 2013 年的 34.29%。两个方面均呈现稳定增长的态势。

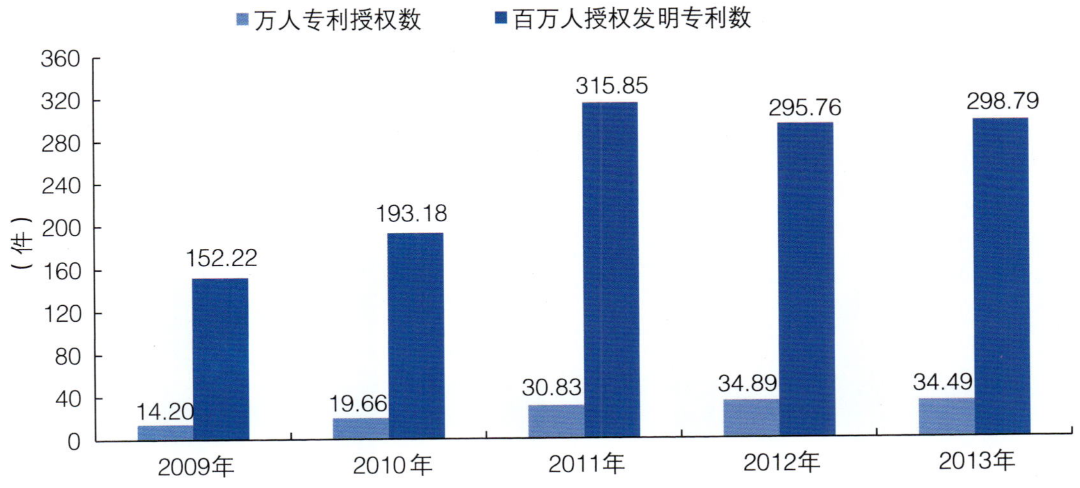

图 2–11　2009—2013 年城区型国家可持续发展实验区专利产出情况

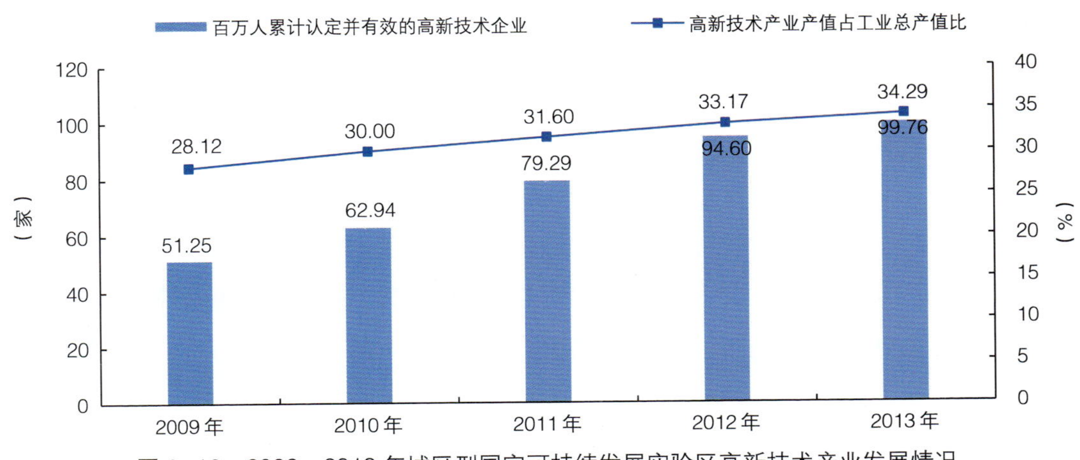

图 2–12　2009—2013 年城区型国家可持续发展实验区高新技术产业发展情况

（二）可持续发展

1. 经济发展

2009—2013 年城区型实验区的人均 GDP 及其增长率情况如图 2–13 所示。其中，人均 GDP 年均增长 12.49%，2013 年城区型实验区的人均 GDP 达到 87189.11 元。从人均 GDP 的增长率看，总体呈现降低的态势，2010 年人均 GDP 增长率为 15.15%，2013 年减少到 9.17%。

在人均 GDP 持续增长的同时，城区型实验区的经济发展保持较充沛的活力。万人新登记注册企业数呈持续增长态势，2009—2013 年年均增长 11.28%，2013 年增长 22.81%，平均每个城区型实验区达到 30 家 / 万人。

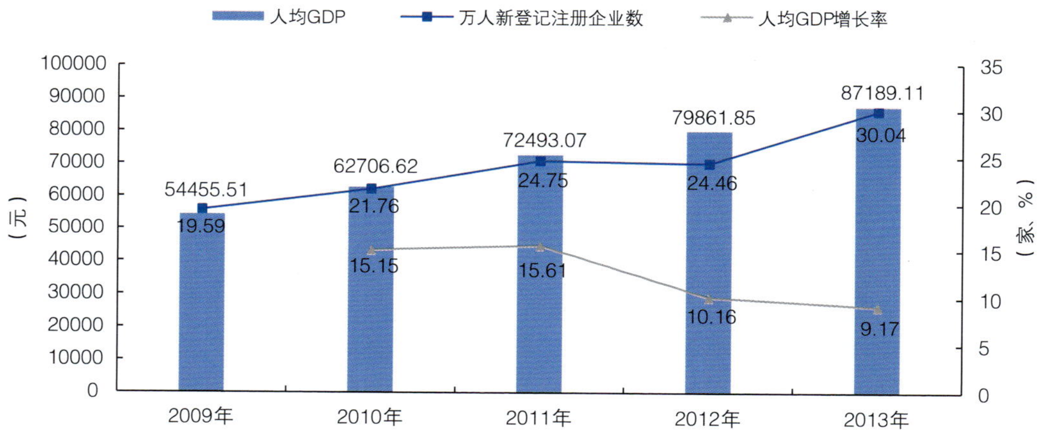

图 2–13　2009—2013 年城区型国家可持续发展实验区经济发展情况

2. 社会和谐

2009—2013 年城区型实验区的社会发展主要指标情况如图 2–14 和图 2–15 所示。

在人口健康方面，新生儿死亡率呈持续减少态势，由 2009 年的 4.16‰ 下降到 2013 年的 3.28‰，年均减少 5.79%。在就业保障方面，城镇登记失业率逐年减少，由 2009 年的 2.99% 下降到 2013 年的 2.70%，年均下降 2.50%。

在生产安全方面，生产安全状况逐年改善，亿元国内生产总值生产安全事故死亡率由 2009 年的 6.44% 下降到 2013 年的 2.31%，年均下降 22.64%。

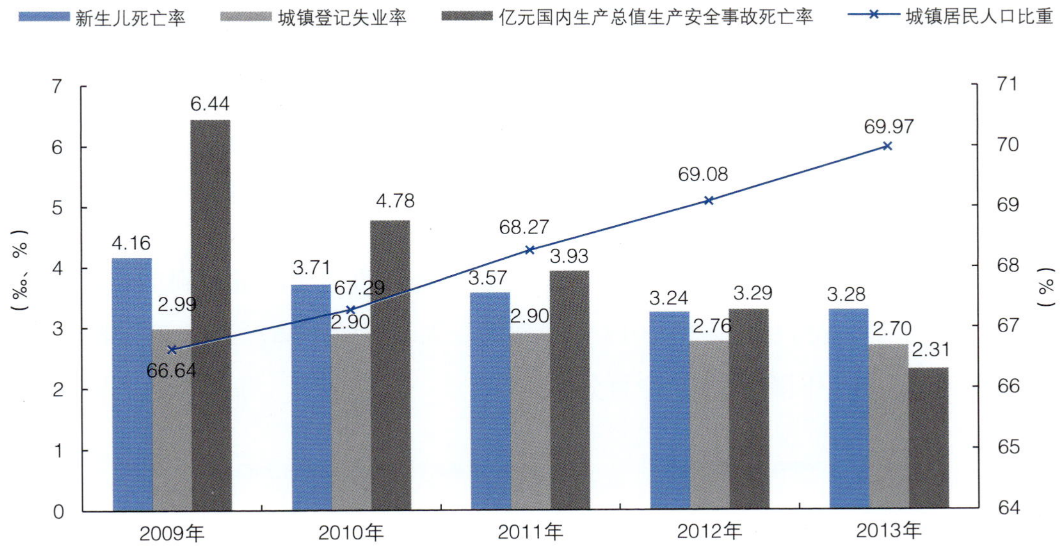

图 2-14　2009—2013 年城区型国家可持续发展实验区社会和谐发展情况

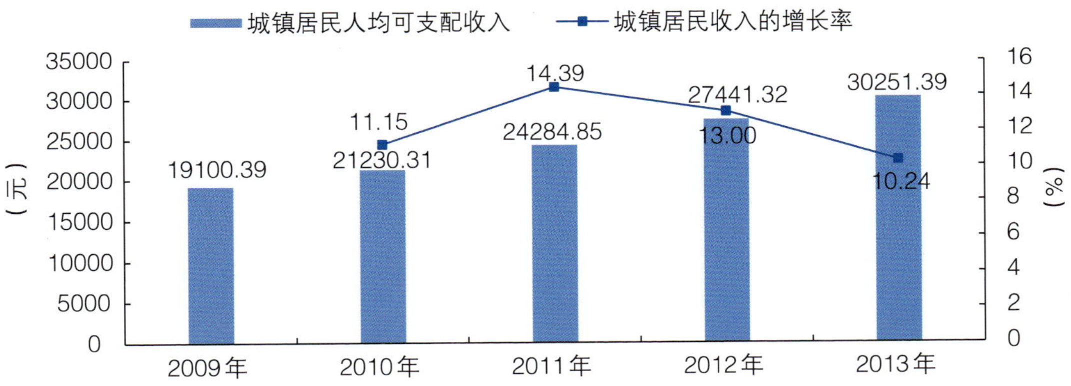

图 2-15　2009—2013 年城区型国家可持续发展实验区社会和谐发展情况

在城乡结构方面，城镇居民人口所占的比重逐年增长，由 2009 年的 66.64% 逐年上升到 2013 年 69.97%。在城乡居民收入方面，城镇居民人均可支配收入保持两位数的增长速度，年均增长 12.18%，由 2009 年的 19100 元增长到 2013 年 30251 元。但 2011 年之后，城区型实验区的城镇居民人均可支配收入的增长率呈逐年下降的态势，2011 年为 14.39%，2013 年为 10.24%。

3. 环境友好

2009—2013 年城区型实验区的单位 GDP 能耗和空气质量指标如图 2–16 所示。数据显示，城区型实验区的单位 GDP 能耗逐年降低，空气质量有待进一步改善。

在能源消耗上，城区型实验区单位 GDP 能耗呈持续下降的态势，2009—2013 年年均减少 10.50%，由 2009 年的 1.67 吨标煤 / 万元降到 2013 年的 1.07 吨标煤 / 万元。

在空气质量方面，2009—2012 年，城区型实验区的空气质量达到二级以上天数占全年的比重基本保持稳定，但 2013 年出现了较大幅度的下降，2012 年为 88.04%，2013 年为 80.35%，下降了 7.69 个百分点。

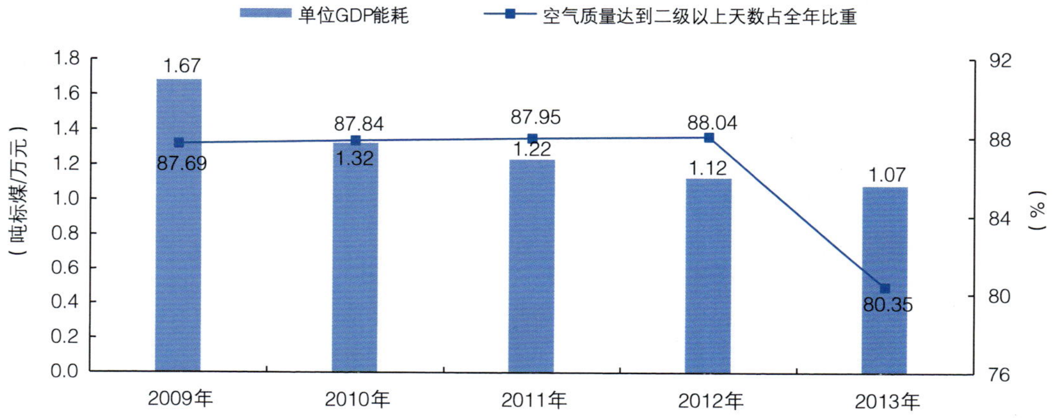

图 2–16　2009—2013 年城区型国家可持续发展实验区环境友好发展情况

三、地级市型国家可持续发展实验区创新能力建设情况

（一）科技创新

1. 科技投入

2009—2013 年地级市型国家可持续发展实验区的本级科学技术支出及其占当年本

级财政一般预算支出比例情况如图 2–17 所示。2009—2013 年，该比例平均由 2.08% 增加到 2.49%；平均每个地级市型实验区的本级科学技术支出由 15057 万元逐年增长到 35095 万元，年均增长 23.56%。

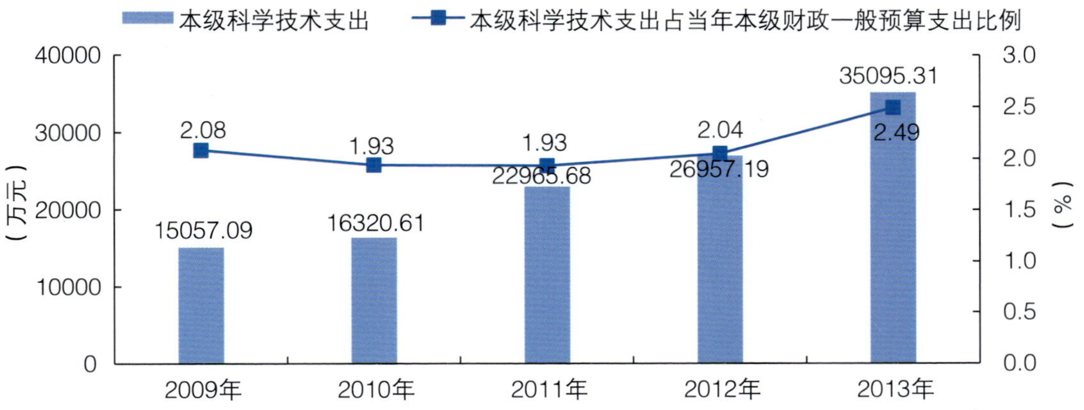

图 2–17　2009—2013 年地级市型国家可持续发展实验区科技投入情况

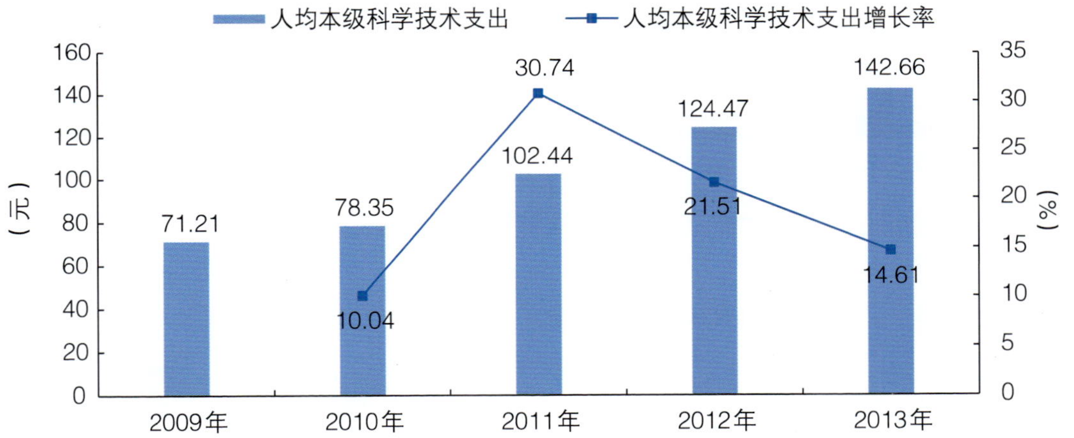

图 2–18　2009—2013 年地级市型国家可持续发展实验区人均本级科学技术支出情况

地级市型实验区的人均本级科学技术支出及其增长情况如图 2–18 所示，由 2009 年的 71.21 元 / 人增长到 2013 年的 142.66 元 / 人，年均增长 18.97%。总体上看，地级市型实验区的人均本级科学技术支出逐年增长，但每年的增长率存在较大差别，2011 年增长率达到 30.74%，之后逐年下降，2013 年的增长率只为 14.61%。

2. 科技产出

近年来，地级市型实验区专利产出与高新技术产业均快速发展，且专利产出的增长速度明显快于高新技术产业的发展速度。

地级市型实验区专利产出情况如图 2-19 所示。在万人专利授权数上，2009 年为 4.64 件／万人，2013 年为 12.04 件／万人，年均增长 26.94%，但其增长率不稳定，2013 年减少 9.21%。地级市型实验区的百万人授权发明专利数也持续快速增长，以年均 29.44% 的增长率由 2009 年的 33.88 件／百万人增长到 2013 年的 95.11 件／百万人，但 2013 年的增长速度明显低于前几年。

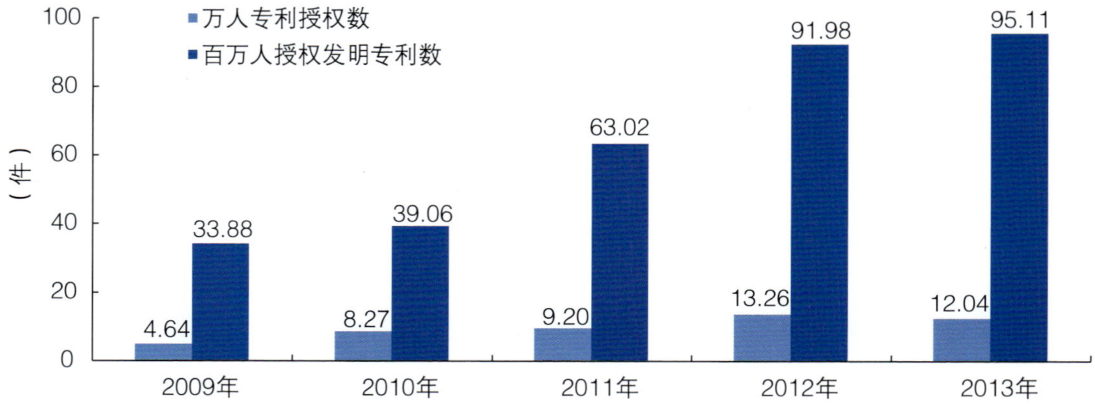

图 2-19　2009—2013 年地级市型国家可持续发展实验区专利产出情况

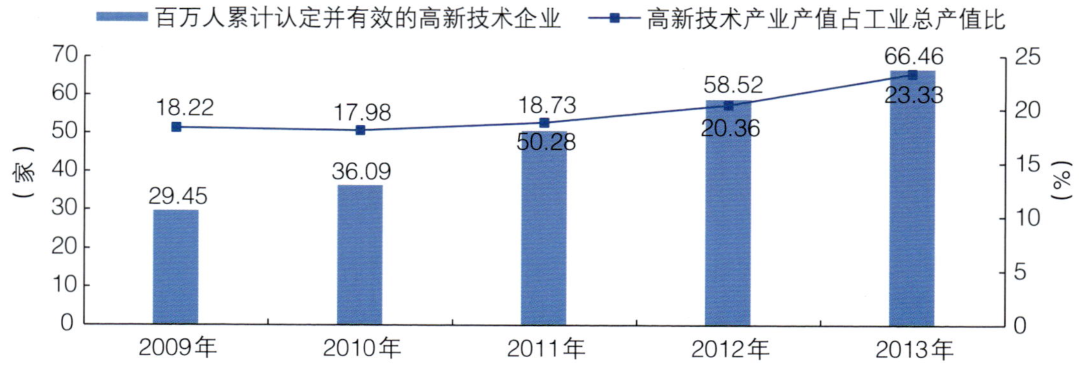

图 2-20　2009—2013 年地级市型国家可持续发展实验区高新技术产业发展情况

地级市型实验区高新技术产业发展如图 2–20 所示，平均每个地级市型实验区百万人累计认定并有效的高新技术企业数快速增加，由 2009 年的 29.45 家增加到 2013 年的 66.46 家，年均增加 22.57%。高新技术产业产值占工业总产值的比例也呈逐年上升态势，由 2009 年的 18.22% 提升到 2013 年的 23.33%，呈现稳健的增长态势。

（二）可持续发展

1. 经济发展

2009—2013 年地级市型实验区的人均 GDP 及其增长率情况如图 2–21 所示。其中，人均 GDP 年均增长 15.17%，2013 年平均每个地级市型实验区达到 88750 元。但是，人均 GDP 的增长率呈逐年减少态势，由 2010 年的 24.60% 下降为 2013 年的 9.49%。

在人均 GDP 持续增长的同时，地级市型实验区的经济发展保持较充沛的活力，万人新登记注册企业数呈增长态势，2009—2013 年年均增长 5.78%，2013 年平均每个地级市型实验区超过 20 家／万人，2010 年是新登记注册企业的高峰年。

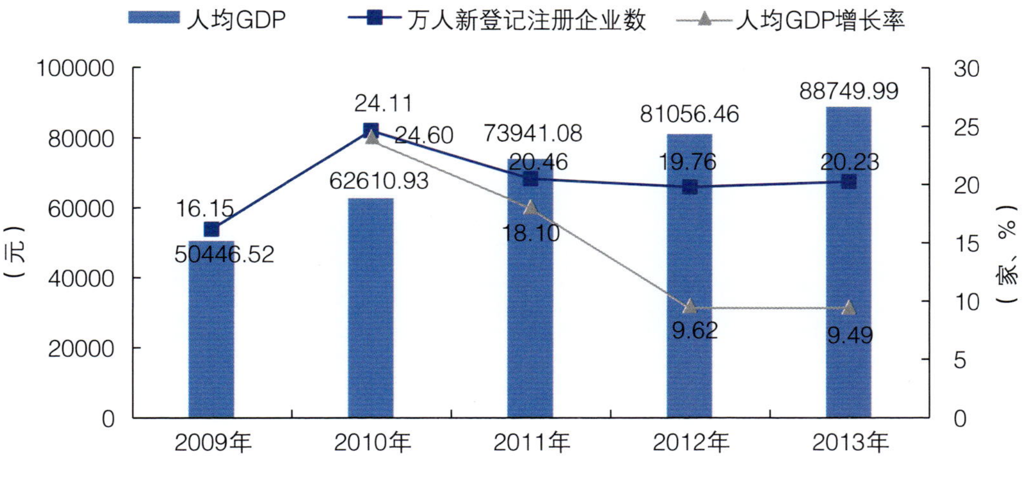

图 2–21　2009—2013 年地级市型国家可持续发展实验区经济发展情况

2. 社会和谐

2009—2013 年，地级市型实验区的社会发展指标如图 2–22 和图 2–23 所示。

在人口健康方面，新生儿死亡率持续减少，由 2009 年的 6.12‰降到 2013 年的 5.0‰，年均减少 4.94%。在就业保障方面，城镇登记失业率逐年下降，由 2009 年的 3.21% 下降到 2013 年的 2.70%，年均下降 4.17%。

在生产安全方面，亿元国内生产总值生产安全事故死亡率由 2009 年的 5.26% 下降到 2013 年的 1.58%，年均下降 25.92%，生产安全状况逐年明显改善。

在城乡结构方面，城镇居民人口所占比重逐年增长，由 2009 年的 50.17% 上升到 2013 年 56.54%。在城乡居民收入方面，城镇居民人均可支配收入和农村居民人均纯收入均保持两位数的增长，年均分别增长 12.38% 和 15.22%，2013 年分别达到 27326.50 元和 11777.70 元，且农村居民人均纯收入的增长速度快于城镇居民人均可支配收入。这样，城乡间的收入差距在逐步减小，城镇居民人均可支配收入和农村居民人均纯收入的比由 2009 年的 2.75 下降到 2013 年的 2.48。

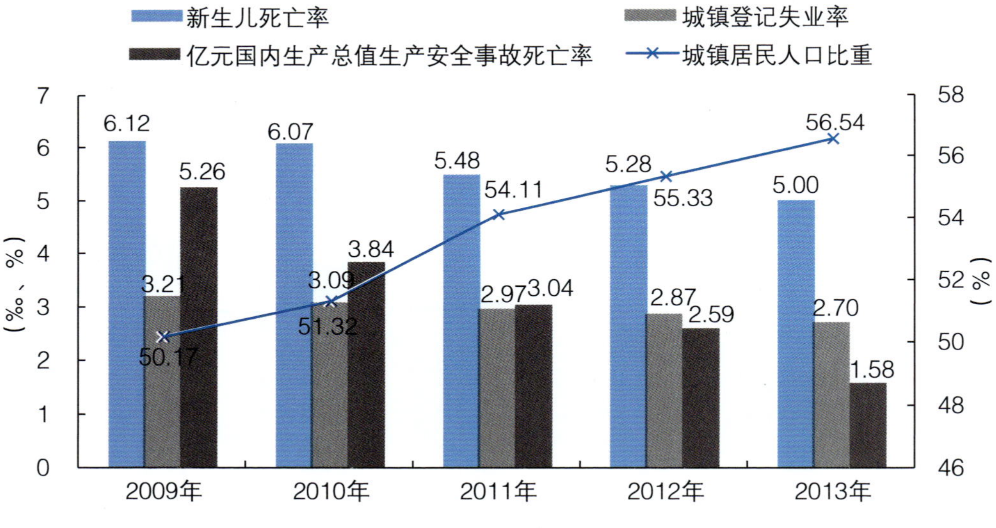

图 2-22　2009—2013 年地级市型国家可持续发展实验区社会和谐情况

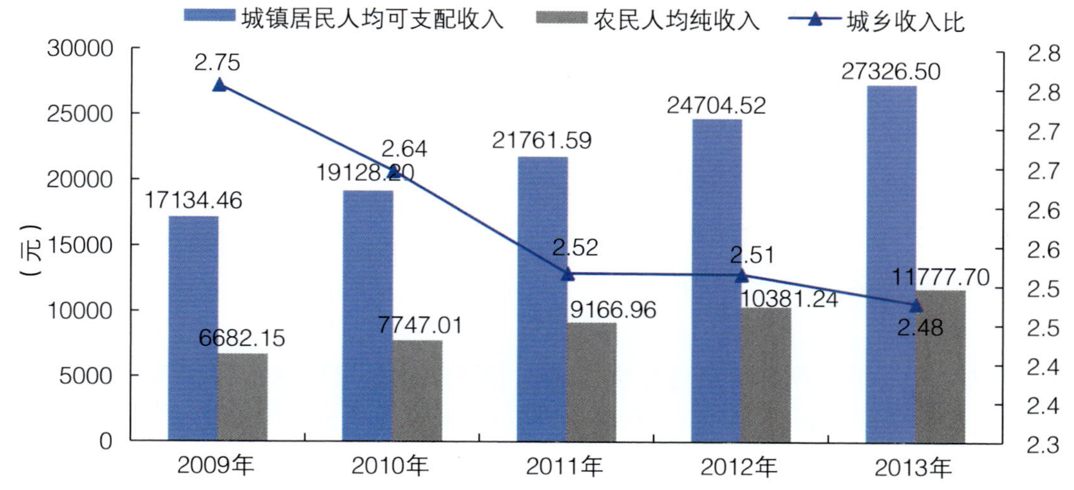

图 2-23　2009—2013 年地级市型国家可持续发展实验区社会和谐发展情况

3. 环境友好

2009—2013 年地级市型实验区的单位 GDP 能耗和空气质量指标如图 2-24 所示。数据显示，地级市型实验区单位 GDP 能耗逐步降低，空气质量有待进一步改善。

在能源消耗上，地级市型实验区单位 GDP 能耗呈持续下降态势，2009—2013 年年均下降 7.31%，由 2009 年的 1.55 吨标煤 / 万元下降到 2013 年的 1.14 吨标煤 / 万元。在空气质量方面，2009—2012 年地级市型实验区空气质量达到二级以上天数占全年的比重基本保持稳定，但 2013 年出现了明显的下降，从 2012 年的 93.87% 下降为 2013 年的 83.28%，降低幅度超过 10 个百分点。

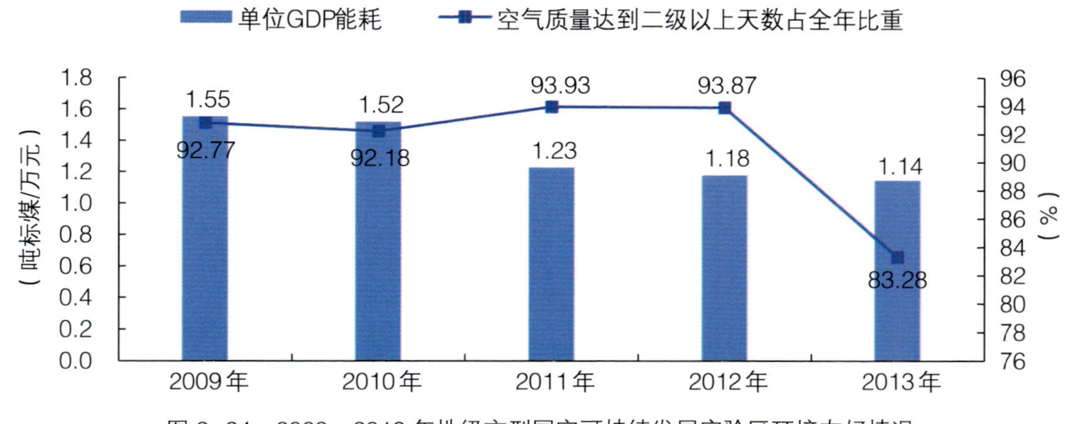

图 2-24　2009—2013 年地级市型国家可持续发展实验区环境友好情况

四、小结

2009—2013年，各类国家可持续发展实验区的科技创新能力建设均取得显著进展。县域型、城区型、地级市型实验区的本级科技支出占本级财政一般预算支出的比例分别从1.64%、2.26%、2.08%，增长到2.18%、2.42%、2.49%；万人专利授权数分别从5.08件、14.20件、4.64件增加到10.28件、34.49件、12.04件。

2009—2013年，各类国家可持续发展实验区的经济发展与社会和谐状况改善明显，能源利用效率不断提高，但空气质量无明显改观。县域性、城区型、地级市型实验区的人均GDP分别从32775.38元、54455.51元、50446.52元增长到56343.88元、87189.11元、88749.99元；县域性和地级市型城乡居民人均收入比分别从2.28、2.75下降到2.11、2.48；县域性、城区型、地级市型实验区的单位GDP能耗分别从1.36吨标煤／万元、1.67吨标煤／万元、1.55吨标煤／万元下降到1.10吨标煤／万元、1.07吨标煤／万元、1.14吨标煤／万元，但空气质量达到或好于二级以上天数占全年比重分别从90.56%、87.69%、92.77%下降到90.06%、80.35%、83.28%。

第三章

国家可持续发展实验区创新能力指数分析

本章运用指数的概念，分析 2009—2013 年各类国家可持续发展实验区创新能力的发展状况，研判创新能力各个方面的增长率变化情况。

一、县域型国家可持续发展实验区创新能力指数分析

（一）县域型实验区创新能力指数

以 2009 年为基数 100，2010—2013 年县域型实验区创新能力指数的发展态势如图 3–1 所示，指数增长速度情况如图 3–2 所示。从图中可看出，县域型实验区的创新能力总指数以比较快的速度持续增长，从 2010 年到 2013 年每年分别增长 13.9 点、18.3 点、16.3 点和 12.0 点；增长速度在各年间明显不同，各年分别增长 13.9%、16.1%、12.3% 和 8.1%，显然，2012 年和 2013 年的增长速度明显放缓，低于 2010 和 2011 年。

2013 年与 2012 年相比，五个二级指标（即科技投入、科技产出、经济发展、社会和谐和环境友好）的指数均保持持续增长态势。其中，科技投入指数增长 16.6 点，同比增长 9.9%；科技产出指数增长 15.1 点，同比增长 8.5%；经济发展指数增长 24.4 点，同比增长 17.0%；社会和谐指数增长 7.9 点，同比增长 6.1%；环境友好指数增长 0.1 点，同比增长 0.1%。显然，经济发展指数增长最快，环境友好指数增长最慢。

2013 年相比 2012 年，在五个二级指标的增速方面，科技投入、科技产出、社会和谐和环境优化四个一级指标指数的增长速度均有所下降，分别下降了 3.9、13.1、1.7 和 2.5 个百分点，经济发展指数增长速度上升了 7.2 个百分点。2010—2013 年总指数和各个一级指标指数的增长速度如图 3–2 所示。

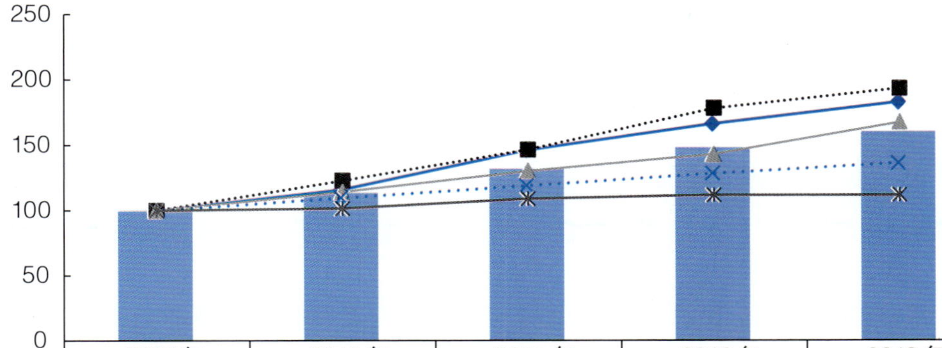

	2009年	2010年	2011年	2012年	2013年
总指数	100	113.9	132.2	148.5	160.5
科技投入	100	116.0	146.3	166.4	183.0
科技产出	100	122.8	146.5	178.2	193.3
经济发展	100	114.2	130.4	143.2	167.6
社会和谐	100	109.9	119.3	128.6	136.5
环境友好	100	101.6	109.0	111.9	112.0

图 3-1　2009—2013 年县域型国家可持续发展实验区创新能力指数

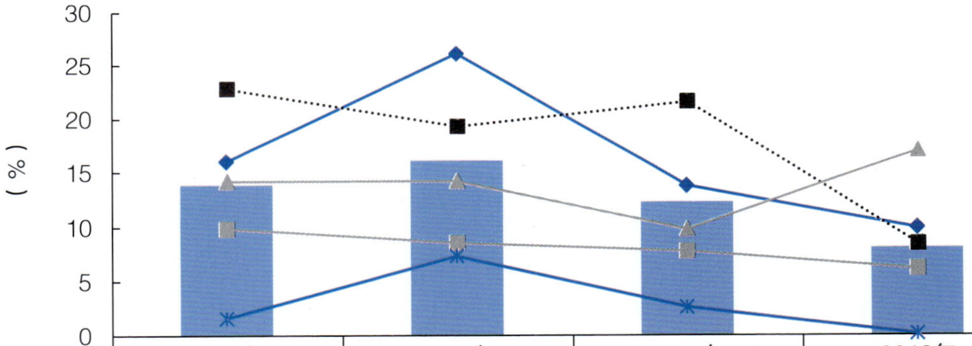

	2010年	2011年	2012年	2013年
总指数	13.9	16.1	12.3	8.1
科技投入	16.0	26.1	13.8	9.9
科技产出	22.8	19.3	21.6	8.5
经济发展	14.2	14.2	9.8	17.0
社会和谐	9.9	8.6	7.8	6.1
环境友好	1.6	7.3	2.6	0.1

图 3-2　2010—2013 年县域型国家可持续发展实验区创新能力指数增速

从 2013 年县域型国家可持续发展实验区创新能力指数的增长结构看，科技投入指数贡献度为 3.77 点，科技产出指数贡献度为 3.61 点，经济发展指数贡献度为 3.08 点，社会和谐指数贡献度为 1.57 点，环境友好指数贡献度为 –0.04 点。对总指数增长贡献度最大的是科技投入（图 3–3），贡献率达到 31.32%，社会和谐的贡献率明显低于科技投入、科技产出和经济发展，而环境友好的贡献率为负数。

对比 2012 年和 2013 年县域型国家可持续发展实验区创新能力指数增长的贡献率分布（图 3–3）可以看出，2012 年科技产出指数的贡献度最大，贡献率达到 47%，环境友好的贡献度最小，贡献率为 2.45%。2013 年经济发展的贡献度大幅提高，贡献率由 2012 年的 10.47% 上升到 25.63%，但环境友好的贡献度为负数。

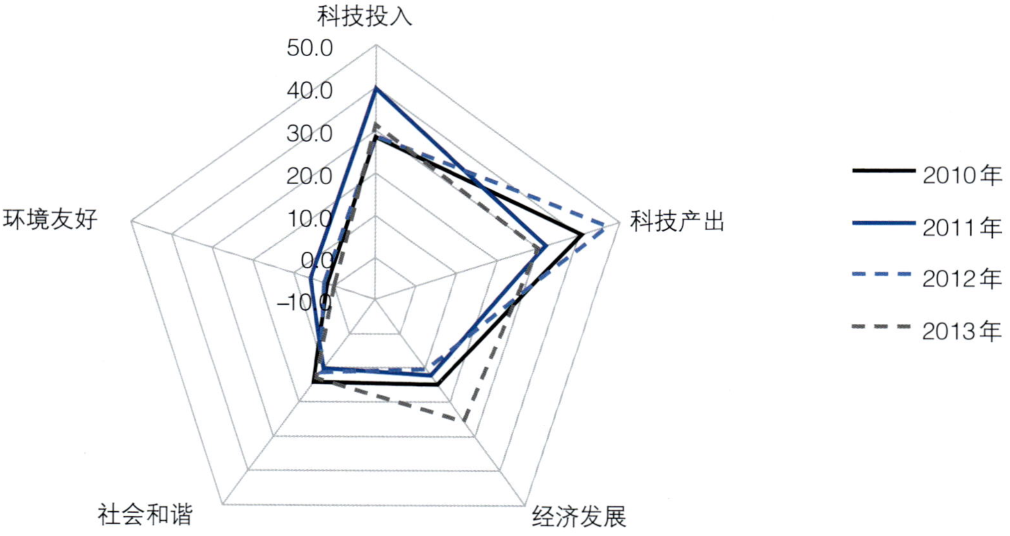

图 3–3　2010—2013 年县域型国家可持续发展实验区创新能力指数增长的贡献率

这表明随着国家可持续发展实验区科技投入、科技产出的增长，促进区域经济快速发展，但在经济快速发展的同时社会和谐程度虽有所提升，但滞后于经济发展，环境友好状况更不乐观。依靠科技进步促进社会发展和环境友好应成为可持续发展实验区建设的重中之重。

（二）县域型实验区创新能力指数增长情况

县域型国家可持续发展实验区创新能力的五个一级指标的加权增长率如图 3–4 所示。可以看出五个一级指标的加权增长率存在明显差别，科技投入和科技产出的增长速度明显快于其他几个方面的增长速度，经济发展的增长速度又高于社会和谐和环境友好的增长速度。

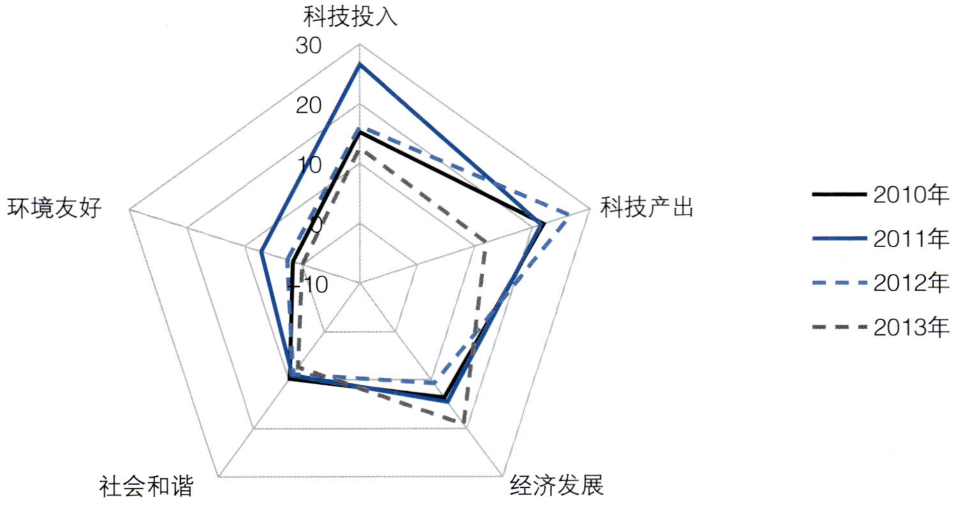

图 3–4　2010—2013 年县域型国家可持续发展实验区五个方面的加权增长率

1. 科技投入

从 2010 年到 2013 年，县域型实验区的科技投入指标的加权增长率均呈正向增长（图 3–5），各年增长速度分别为 15.3%、26.6%、16.2% 和 12.6%，2011 年增速最快，2012 年和 2013 年的同比增长速度均较前一年有所放缓，且 2013 年科技投入的同比增长速度是近几年来的最低点。

进一步分析构成科技投入指数的各项二级指标的对称增长率，可以看出近几年来各项二级指标均以较快的速度增长，各项指标均在 2011 年有最快的增长速度，且本级科学技术支出和人均本级科学技术支出的增长速度明显快于本级科学技术支出占当年本级财政一般预算支出的比例。2013 年本级科学技术支出和人均本级科学技术支出较 2012 年同比分别增长 17.6% 和 16.3%，本级科学技术支出占当年本级财政一般预

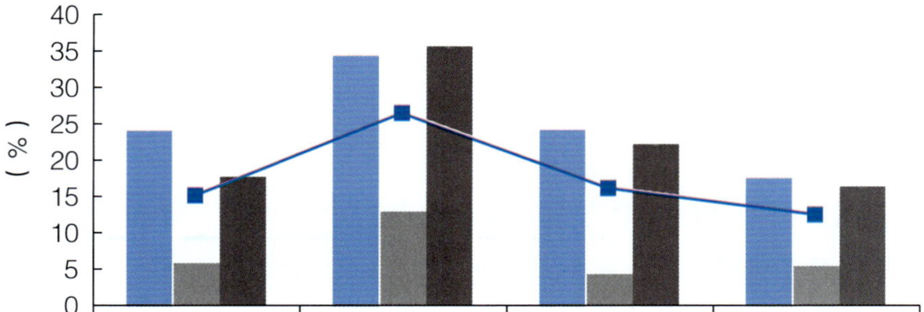

	2010年	2011年	2012年	2013年
本级科学技术支出	24.2	34.5	24.3	17.6
本级科学技术支出占当年本级财政一般预算支出比例	5.8	12.9	4.3	5.4
人均本级科学技术支出	17.7	35.7	22.2	16.3
科技投入	15.3	26.6	16.2	12.6

图 3-5　2010—2013 年县域型国家可持续发展实验区科技投入增长率

算支出的比例同比增长 5.4%。

2. 科技产出

从 2010 年到 2013 年，县域型实验区科技产出指标的加权增长率均也呈正向增长（图 3–6），各年增长速度分别为 22.0%、21.5%、26.5% 和 11.9%，2012 年增速最快，2011 年和 2013 年的同比增长速度均较前一年有所放缓，且 2013 年科技产出的同比增长速度是近几年来的最低点。

进一步分析构成科技产出指数的各项二级指标的对称增长率，可以看出近几年各项二级指标的增长速度有较大差别，专利产出的增长速度快于高新技术产业发展的增长速度。专利产出方面，百万人授权发明专利数每年的同比增长速度均超过 25%，2013 年为 26%；万人专利授权数在 2011 年和 2012 年持续以超过 30% 的速度增长后，2013 年减少了 13.7%。高新技术产业发展方面，高新技术企业的发展速度明显快于高新技术产业产值的发展速度，2010—2013 年平均每个县域型实验区的百万人累计认定并有效的高新技术企业数每年均以超过 20% 的增长速度增长，2013 年增长 23.8%；

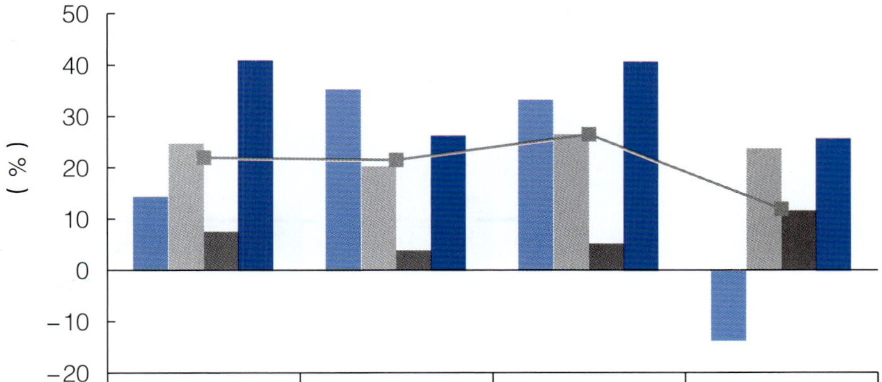

	2010年	2011年	2012年	2013年
万人专利授权数	14.5	35.5	33.5	−13.7
百万人累计认定并有效的高新技术企业	24.7	20.3	26.5	23.8
高新技术产业产值占工业总产值比	7.5	3.9	5.2	11.6
百万人授权发明专利数	41.1	26.4	40.9	26.0
科技产出	22.0	21.5	26.5	11.9

图 3–6　2010—2013 年县域型国家可持续发展实验区科技产出增长率

2013 年高新技术产业产值占工业总产值的比例增长 11.6%，而前 3 年的增长率均不超过 10%。

3. 经济发展

从 2010 年到 2013 年，县域型实验区经济发展指标的加权增长率均呈正向增长（图 3–7），各年增长速度分别为 13.7%、14.6%、10.8% 和 19.1%，2012 年的增速最低，2013 年增速最快。

进一步分析构成经济发展指数的各项二级指标的对称增长率，可以看出近几年来各项二级指标均以较快的速度正向增长。其中，人均 GDP 的同比增长速度呈逐年放缓的态势，2010 年为 17.0%，2013 年为 9.6%；万人新登记注册企业数在 2010—2012 年增速相对稳定，2013 年则快速增长，同比增长了 28.6%。

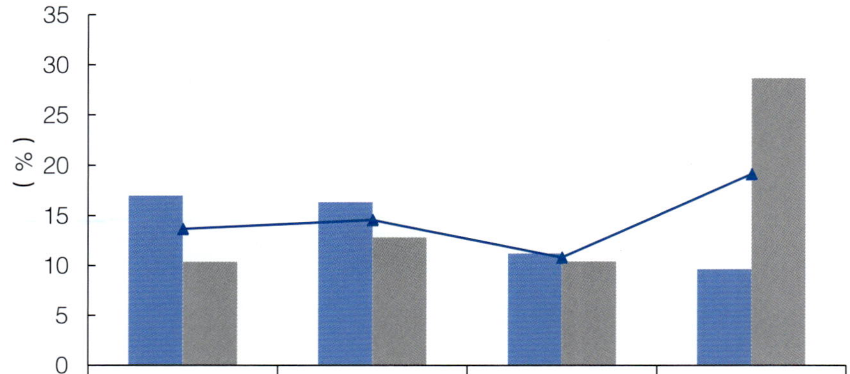

	2010年	2011年	2012年	2013年
人均GDP	17.0	16.3	11.2	9.6
万人新登记注册企业数	10.4	12.8	10.4	28.6
经济发展	13.7	14.6	10.8	19.1

图 3–7　2010—2013 年县域型国家可持续发展实验区经济发展增长率

4. 社会和谐

从 2010 年到 2013 年，县域型实验区社会和谐指标的加权增长率均呈正向增长（图 3–8 和图 3–9），各年增长速度分别为 9.8%、9.1%、8.9% 和 7.4%，增长速度呈逐年放缓的趋势。

社会和谐涉及多方面的二级指标。反映人口健康的新生儿死亡率①2010 年和 2012 年有比较大的下降，2011 年和 2013 年的下降率相对比较小，2013 年下降 5.0%。反映社会就业保障的城镇登记失业率 2012 年下降率最大，下降了 5.6%，其他各年也均有不同程度的下降。反映生产安全的亿元国内生产总值生产安全事故死亡率各年均有所下降，2010 年和 2011 年的降幅比较大，2013 年也下降了 14.0%。

在有关城乡居民收入的 3 个指标中，城镇居民人均可支配收入和农村居民人均纯收入的增长比较稳定，且农村居民人均纯收入的增长速度快于城镇居民人均可支配收入，2013 年城镇居民人均可支配收入和农村居民人均纯收入分别同比增长 9.8% 和 12.3%。由于农村居民人均纯收入有更快的增长速度，城乡居民收入比每年均有所下降，

① 对于新生儿死亡率、城镇登记失业率等越小越好的逆指标，本章采用倒数形式进行逆向处理，也即以该指标值的倒数计算其对称增长率，计算结果的相反数即为原指标值的减少率。

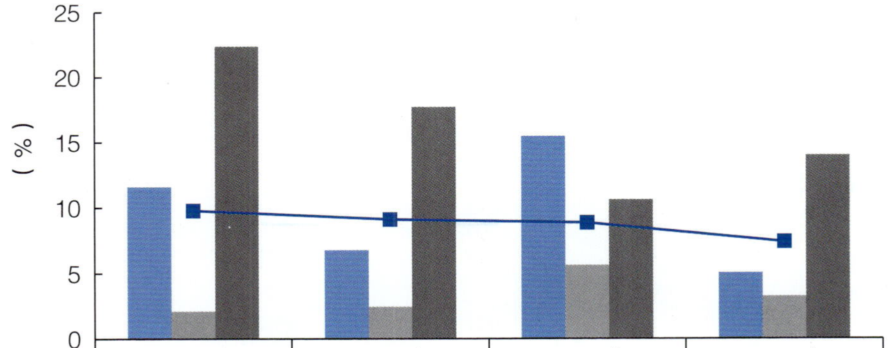

	2010年	2011年	2012年	2013年
新生儿死亡率	11.6	6.8	15.5	5.0
城镇登记失业率	2.1	2.5	5.6	3.3
亿元国内生产总值生产安全事故死亡率	22.4	17.7	10.6	14.0
社会和谐	9.8	9.1	8.9	7.4

图 3-8　2010—2013 年县域型国家可持续发展实验区社会和谐增长率（1）

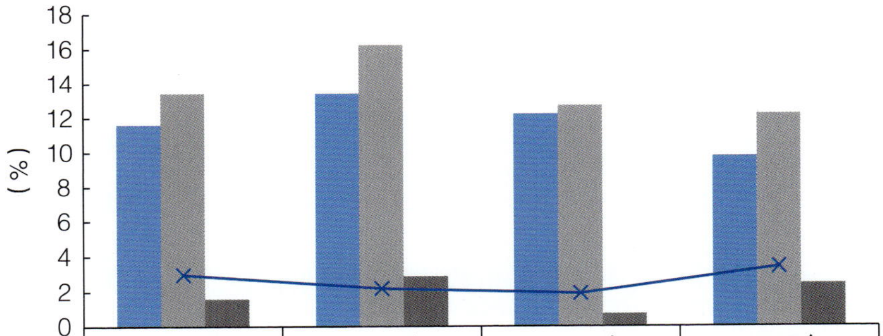

	2010年	2011年	2012年	2013年
城镇居民人均可支配收入	11.6	13.4	12.2	9.8
农民人均纯收入	13.4	16.3	12.7	12.3
城乡收入比	1.6	2.9	0.7	2.5
城镇居民人口比重	3.0	2.2	1.9	3.4

图 3-9　2010—2013 年县域型国家可持续发展实验区社会和谐增长率（2）

2011 年降幅最大，为 2.9%，2013 年下降 2.5%。

在城镇化建设方面，城镇居民人口的比重持续增加，近几年中 2013 年增长最快，同比增长 3.4%。

5. 环境友好

从 2010 年到 2012 年，县域型实验区环境友好指标的加权增长率如图 3-11 所示，2011 年后增长率逐年下降，2013 年出现了负向增长，各年增长速度分别为 1.6%、7.1%、2.6% 和 -0.02%。

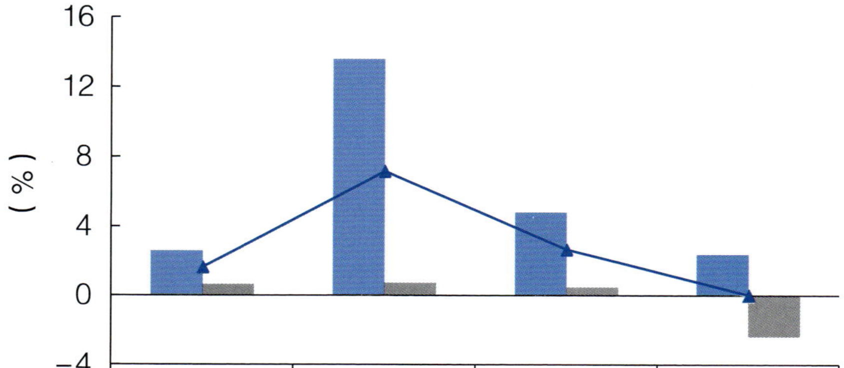

	2010 年	2011 年	2012 年	2013 年
单位GDP能耗	2.5	13.5	4.8	2.3
空气质量达到二级以上天数占全年比重	0.6	0.7	0.5	-2.4
环境友好	1.6	7.1	2.6	-0.02

图 3-10　2010—2013 年县域型国家可持续发展实验区环境友好增长率

通过分析构成环境友好指数的各项二级指标的对称增长率，显然，近几年环境指标改善速度较慢。单位 GDP 能耗上，2011 年有最大的降幅 13.5%，其他几年均只有小幅下降，2013 年降幅为 2.3%，为历年来最低。在空气质量达到二级以上天数占全年比重上，2010—2012 年的增长均不到 1%，而 2013 年负向增长 2.4%。

二、城区型国家可持续发展实验区创新能力指数分析

（一）城区型实验区创新能力指数

以 2009 年为基数 100，2010—2013 年城区型国家可持续发展实验区创新能力指数的发展态势如图 3–11 所示，指数增长速度情况如图 3–12 所示。从图中可看出，城区型实验区创新能力总指数每年均有所增长，从 2010 年到 2013 年每年分别增长 13.5 点、16.9 点、2.3 点和 6.1 点。但增长速度在各年间有较大差距，各年分别增长 13.5%、14.9%、1.8% 和 4.6%，显然，2012 年和 2013 年的增长速度明显低于 2010 年和 2011 年。

2013 年城区型实验区的创新能力指数为 138.8 点，较 2012 年增长 6.1 点，同比增长 4.6%。2013 年五个一级指标指数的变化情况存在明显差别：科技投入指数增长 14.5 点，同比增长 10.8%；科技产出指数增长 2.3 点，同比增长 1.5%；经济发展指

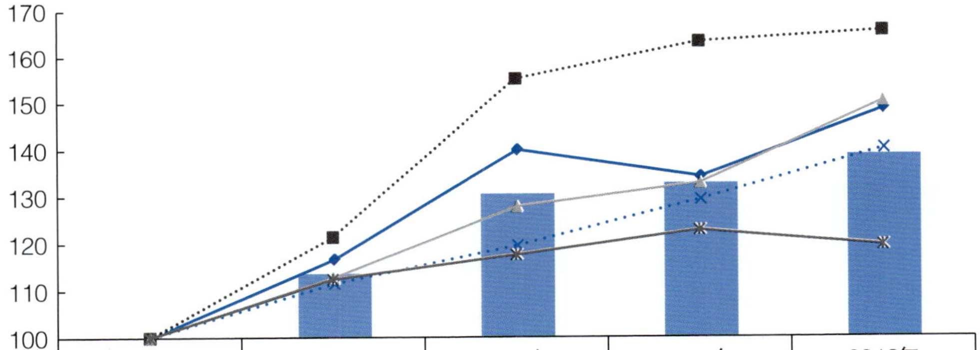

	2009年	2010年	2011年	2012年	2013年
总指数	100	113.5	130.4	132.7	138.8
科技投入	100	116.5	139.9	134.1	148.6
科技产出	100	121.4	155.2	163.4	165.7
经济发展	100	112.7	127.8	132.8	150.3
社会和谐	100	111.4	119.4	129.2	140.2
环境友好	100	112.4	117.5	122.8	119.5

图 3–11　2009—2013 年城区型国家可持续发展实验区创新能力指数

数增长 17.5 点，同比增长 13.2%；社会和谐指数增长 11.0 点，同比增长 8.5%；环境友好指数减少 3.3 点，同比下降 2.7%。显然，经济发展指数增长最快。

2013 年城区型实验区创新能力指数的增长速度为 4.6%，虽然较 2012 年提升了 2.8 个百分点，但较 2011 年和 2010 年有很大的下降。五个二级指标中，科技投入指数在 2012 年出现负增长，2013 年正向增长 10.8%，增长速度提升了 14.9 个百分点，科技产出和环境友好 2 个一级指标指数的增长速度均有所下降，分别下降了 3.7 和 7.2 个百分点，经济发展和社会和谐指数增长速度分别上升了 9.2 个百分点和 7.2 个百分点。

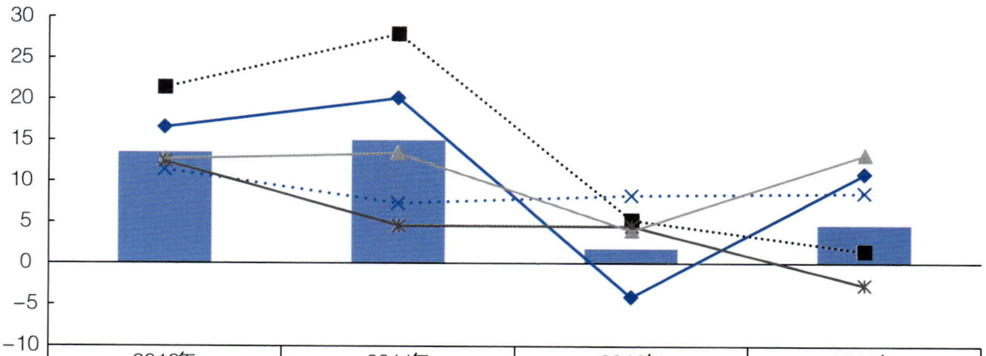

	2010年	2011年	2012年	2013年
总指数	13.5	14.9	1.8	4.6
科技投入	16.5	20.0	−4.1	10.8
科技产出	21.4	27.9	5.2	1.5
经济发展	12.7	13.4	4.0	13.2
社会和谐	11.4	7.2	8.2	8.5
环境友好	12.4	4.6	4.5	−2.7

图 3-12　2010—2013 年城区型国家可持续发展实验区创新能力指数增速

从 2013 年城区型实验区创新能力指数的增长结构来看，科技投入指数贡献度为 3.4 点，科技产出指数贡献度为 0.6 点，经济发展指数贡献度为 2.3 点，社会和谐指数贡献度为 0.4 点，环境友好指数贡献度为 −0.6 点。对总指数增长贡献度最大的是科技投入，贡献率达到 55.6%，社会和谐的贡献率明显低于科技投入、科技产出和经济发展，而环境友好的贡献率为负数。

对比 2012 年和 2013 年城区型国家可持续发展实验区创新能力指数增长的贡献率

分布（图 3–13）可以看出，2012 年科技产出指数的贡献度最大，贡献率高达 88%，科技投入为负向的贡献度，贡献率为 –62%。2013 年科技投入的贡献度大幅提高，贡献率由 2012 年的 –62% 上升到 55.6%，经济发展的贡献率也上升了近 10 个百分点；科技产出和环境友好的贡献率均出现了比较大的下降，环境友好的贡献度为负数。

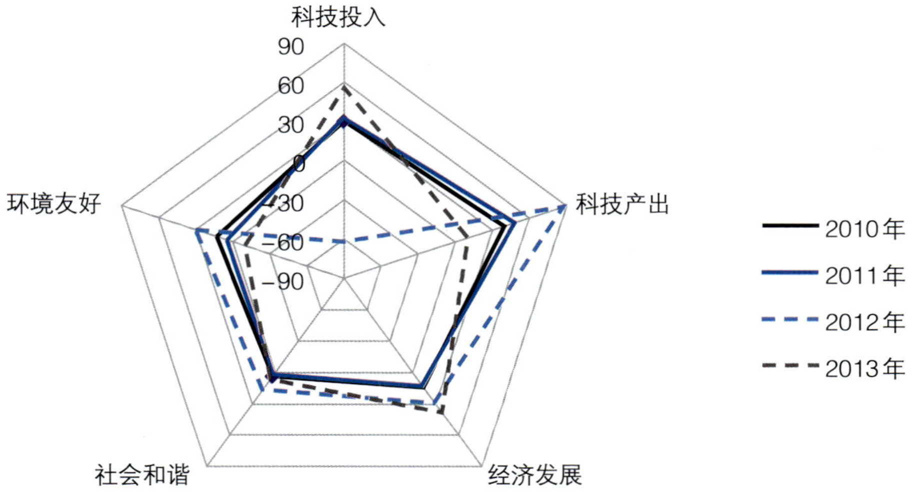

图 3–13　2010—2013 年城区型国家可持续发展实验区创新能力指数增长的贡献率

这表明随着国家可持续发展实验区科技投入、科技产出的增长，区域经济快速发展，在经济快速发展的同时社会和谐虽有所提升，但滞后于经济发展。今后依靠科技进步促进社会发展和环境友好应成为城区型实验区的重要任务。

（二）城区型实验区创新能力指数增长情况

城区型实验区创新能力五个一级指标的加权增长率如图 3–14 所示。2010 年和 2011 年科技投入和科技产出有更高的增长率，但在 2012 年和 2013 年这两方面的增长率明显下降，且科技投入在 2012 年的增长率为负。经济发展增长速度除在 2012 年有所下降外，其他年份均稳定增长，2013 年为 14.6%。环境友好指数的增长率逐年下降，且在 2013 年出现了负向增长，为 –3.91%。

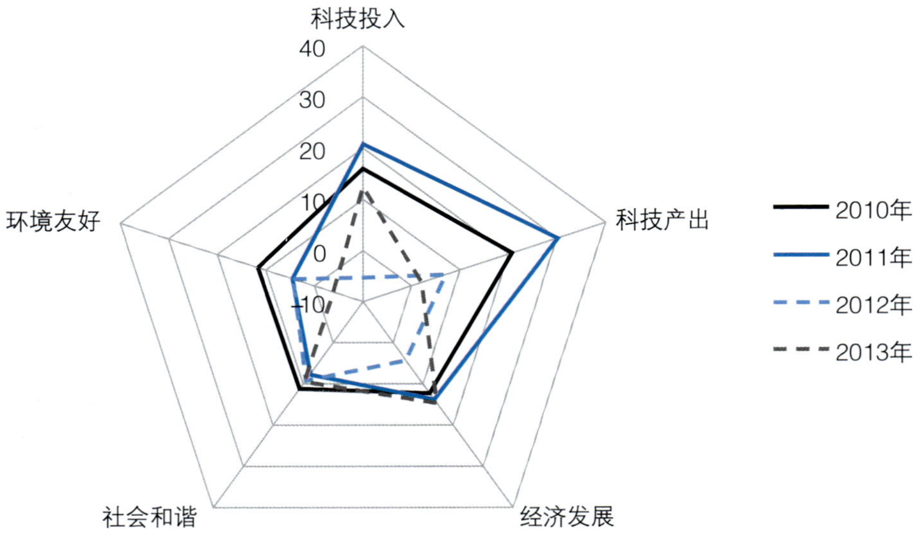

图 3-14　2010—2013 年城区型国家可持续发展实验区五个方面的加权增长率

1. 科技投入

从 2010 年到 2013 年，城区型实验区科技投入指标的加权增长率如图 3-15，各年增长率分别为 16.0%、20.8%、−5.2% 和 12.4%，2011 年增速最快，2012 年出现了负增长，2013 年的增长率为 12.4%。

进一步分析构成科技投入指数的各项二级指标的对称增长率，除 2012 年外各项指标在各年均有所增长，但增长率有较大差别。其中，本级科学技术支出和人均本级科学技术支出的增长率明显高于本级科学技术支出占当年本级财政一般预算支出比例的增长率。2013 年本级科学技术支出和人均本级科学技术支出较 2012 年分别增长 20.3% 和 12.0%，本级科学技术支出占当年本级财政一般预算支出的比例同比增长 5.7%。

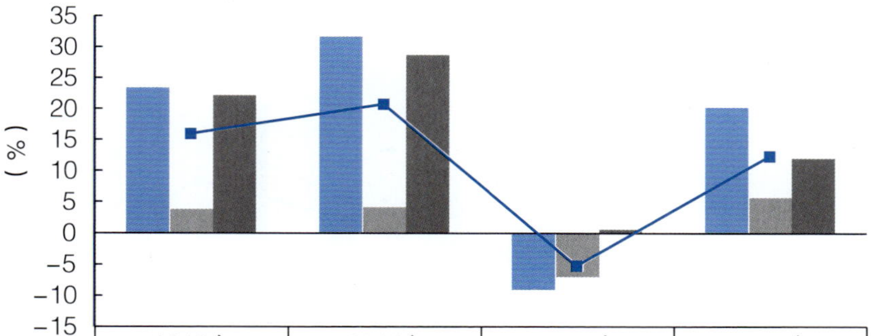

	2010年	2011年	2012年	2013年
本级科学技术支出	23.4	31.7	−9.1	20.3
本级科学技术支出占当年本级财政一般预算支出比例	3.8	4.1	−7.0	5.7
人均本级科学技术支出	22.2	28.7	0.6	12.0
科技投入	16.0	20.8	−5.2	12.4

图 3–15　2010—2013 年城区型国家可持续发展实验区科技投入增长率

2. 科技产出

从 2010 年到 2013 年，城区型实验区科技产出指标的加权增长率如图 3–16 所示，各年增长速度分别为 20.7%、30.2%、7.1% 和 2.1%，2011 年增速最快，之后其增长率逐年放缓，2013 年是近几年的最低点。

进一步分析构成科技产出指数的各项二级指标的对称增长率，可以看出他们间有较大差别，专利产出的增长速度快于高新技术产业发展的增长速度。专利产出方面，2010 年和 2011 年，百万人授权发明专利数分别增长 23.7% 和 48.2%，但在 2012 出现了负向增长，为 −6.6%，2013 年也仅仅增长了 1.0%；2010 年和 2011 年万人专利授权数的增长率均超过 30%，但 2013 年下降为 1.2%。高新技术产业发展方面，高新技术企业的发展速度明显快于高新技术产业产值的发展速度，2010 年和 2011 年平均每个城区型实验区百万人累计认定并有效的高新技术企业数每年的增长率均超过 20%，但 2012 年和 2013 年逐年放缓，2013 年的增长率仅为 5.3%；2010—2013 年高新技术产业产值占工业总产值的增长率均不超过 10%，且逐年放缓，2013 年降到 3.3%。

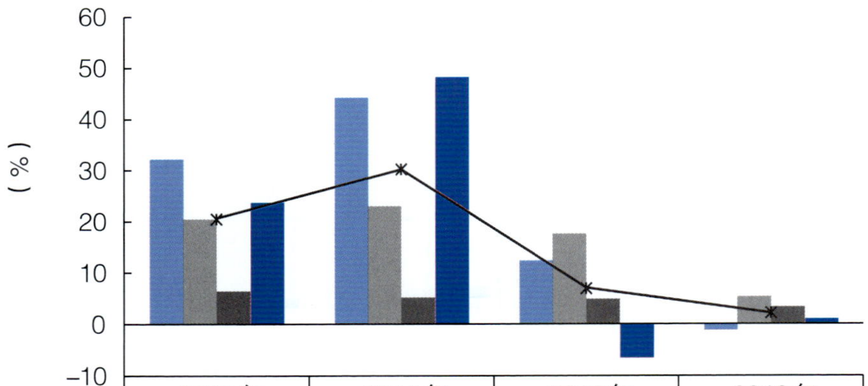

	2010年	2011年	2012年	2013年
万人专利授权数	32.2	44.2	12.4	−1.2
百万人累计认定并有效的高新技术企业	20.5	23.0	17.6	5.3
高新技术产业产值占工业总产值比	6.5	5.2	4.8	3.3
百万人授权发明专利数	23.7	48.2	−6.6	1.0
科技产出	20.7	30.2	7.1	2.1

图 3–16　2010—2013 年城区型国家可持续发展实验区科技产出增长率

3. 经济发展

从 2010 年到 2013 年，城区型实验区经济发展指标的加权增长率均呈正向增长（图 3–17），各年增长速度分别为 12.3%、13.7%、4.2% 和 14.6%，2012 年的增长率最小，2013 年增长率最高，为 14.6%。

进一步分析构成经济发展指数的各项二级指标的对称增长率，人均 GDP 的同比增长速度在 2011 年后呈逐年放缓的态势，2010 年为 14.1%，2013 年为 8.8%；万人新登记注册企业数在 2010—2011 年增速相对稳定，2012 年出现了负向增长，增长率为 −1.2%，但 2013 年又快速增长，同比增长了 20.5%。

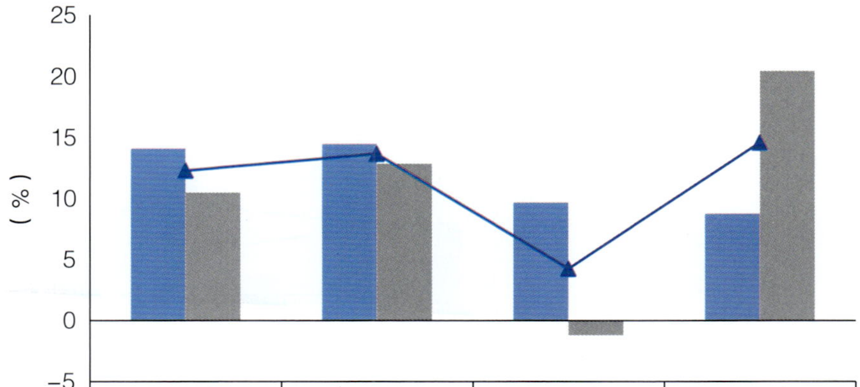

	2010年	2011年	2012年	2013年
人均GDP	14.1	14.5	9.7	8.8
万人新登记注册企业数	10.5	12.9	−1.2	20.5
经济发展	12.3	13.7	4.2	14.6

图 3–17　2010—2013 年城区型国家可持续发展实验区经济发展增长率

4. 社会和谐

从 2010 年到 2013 年，城区型实验区社会和谐指标的加权增长率均呈正向增长态势（图 3–18），各年增长率分别为 11.1%、7.6%、9.1% 和 9.5%，增长比较稳定。

社会和谐涉及多方面的二级指标。反映人口健康的新生儿死亡率指标 2010 年和 2012 年有比较大的下降，但 2013 年略增 1.1%。反映社会就业保障的城镇登记失业率 2012 年下降率最大，下降了 4.7%，其他各年也均有不同程度的下降。反映生产安全的亿元国内生产总值生产安全事故死亡率各年均快速下降，2010 年和 2013 年的降幅比较大，2013 年下降率为 35.1%。在城镇居民人均可支配收入方面，各年的增长率基本稳定在 10% 左右。在城镇化建设方面，城镇居民人口的比重持续稳定增长，2013 年增长 1.3%。

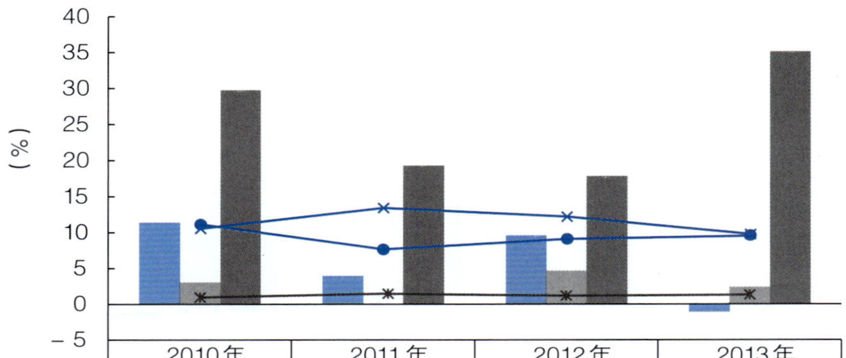

	2010年	2011年	2012年	2013年
新生儿死亡率	11.4	3.9	9.6	−1.1
城镇登记失业率	3.0	0.02	4.7	2.4
亿元国内生产总值生产安全事故死亡率	29.8	19.3	17.8	35.1
城镇居民人均可支配收入	10.6	13.4	12.2	9.7
城镇居民人口比重	1.0	1.4	1.2	1.3
社会和谐	11.1	7.6	9.1	9.5

图 3–18　2010—2013 年城区型国家可持续发展实验区社会和谐增长率

5. 环境友好

从 2010 年到 2013 年，城区型实验区环境友好指标的加权增长率如图 3–19 所示，从 2010 年到 2013 年增长率逐年下降，2013 年出现了负向增长，增长率为 −2.49%。

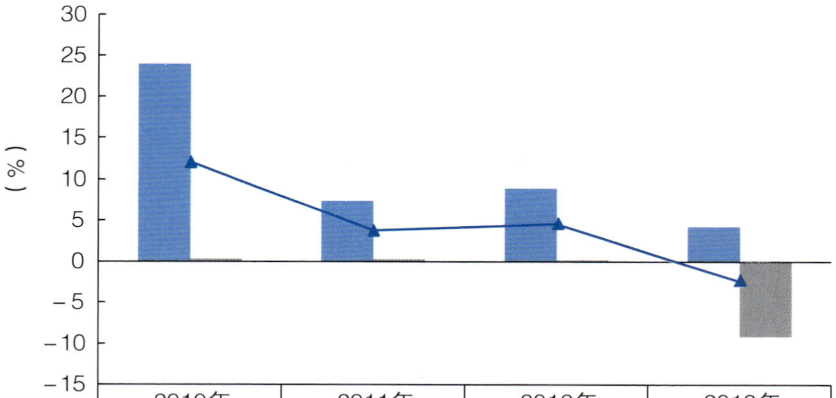

	2010年	2011年	2012年	2013年
单位GDP能耗	23.9	7.3	8.9	4.1
空气质量达到二级以上天数占全年比重	0.2	0.1	0.1	−9.1
环境友好	12.1	3.7	4.5	−2.49

图 3–19　2010—2013 年城区型国家可持续发展实验区环境友好增长率

进一步分析构成环境友好指数的各项二级指标的对称增长率，可以看出近几年环境改善的速度较慢。单位 GDP 能耗上，2010 年有最大的降幅 23.9%，其他几年也均有不同程度的下降，2013 年下降率为 4.1%。在空气质量达到二级以上天数占全年比重上，2010—2012 年的增长率均不超过 0.5%，2013 年负向增长 9.1%。

三、地级市型国家可持续发展实验区创新能力指数分析

（一）地级市型实验区创新能力指数

以 2009 年为基数 100，2010—2013 年地级市型国家可持续发展实验区创新能力指数的发展态势如图 3–20 所示，指数增长情况如图 3–21 所示。地级市型实验区的创新能力总指数以较快的速度持续增长，从 2010 年到 2013 年每年分别增长 13.5 点、15.4 点、13.0 点和 10.0 点。但增长速度在各年间有较大差距，各年分别增长 13.5%、13.5%、10.1% 和 7.1%，显然 2011 年之后增长速度明显放缓。

2013 年地级市型实验区的创新能力指数为 151.8 点，较 2012 年增长 10.0 点，同比增长 7.1%。五个二级指标中环境友好指数出现了负增长，其余四个均为正向增长：科技投入指数增长 23.1 点，同比增长 16.6%；科技产出指数增长 5.4 点，同比增长 3.0%；经济发展指数增长 7.2 点，同比增长 5.2%；社会和谐指数增长 14.2 点，同比增长 11.0%；环境友好指数增长 –4.2 点，同比增长 –3.7%。

2013 年地级市型实验区创新能力指数的增长速度为 7.1%，较 2012 年下降了 3.0 个百分点。五个二级指标中，2013 年相比 2012 年，科技投入、经济发展和社会和谐的增长速度均有所上升，分别上升了 4.3、2.4 和 4.4 个百分点；科技产出和环境友好的增长速度分别下降了 16.5 和 6.7 个百分点。

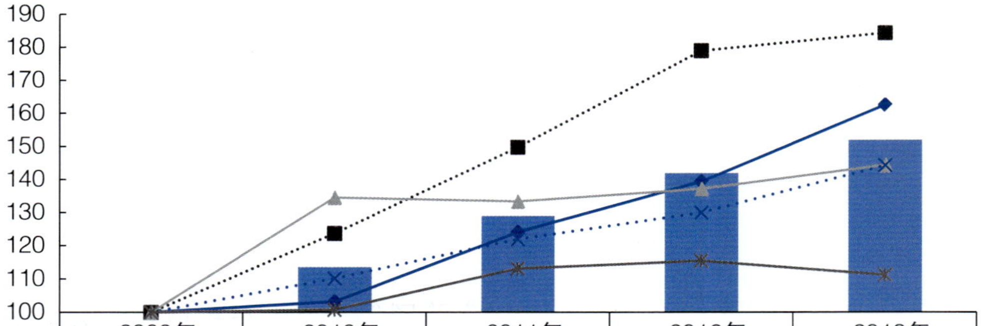

	2009年	2010年	2011年	2012年	2013年
总指数	100	113.5	128.8	141.8	151.8
科技投入	100	103.2	124.0	139.3	162.4
科技产出	100	123.6	149.7	178.8	184.2
经济发展	100	134.5	133.3	137.1	144.2
社会和谐	100	110.1	121.9	129.9	144.1
环境友好	100	100.8	113.1	115.3	111.1

图 3-20　2009—2013 年地级市型国家可持续发展实验区创新能力指数

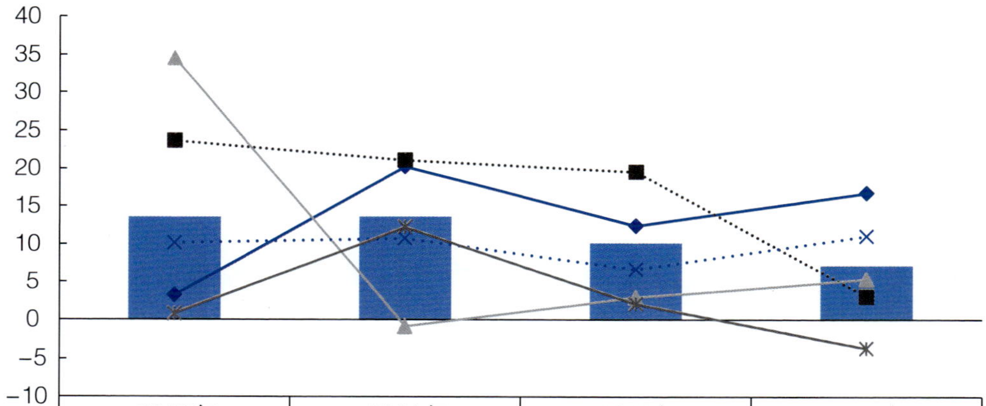

	2010年	2011年	2012年	2013年
总指数	13.5	13.5	10.1	7.1
科技投入	3.2	20.2	12.3	16.6
科技产出	23.6	21.1	19.5	3.0
经济发展	34.5	−0.9	2.8	5.2
社会和谐	10.1	10.7	6.6	11.0
环境友好	0.8	12.2	2.0	-3.7

图 3-21　2010—2013 年地级市型国家可持续发展实验区创新能力指数增长速度

从 2013 年地级市型实验区创新能力指数的增长结构看，科技投入指数贡献度为 5.55 点，科技产出指数贡献度为 1.50 点，经济发展指数贡献度为 0.90 点，社会和谐指数贡献度为 2.76 点，环境友好指数贡献度为 −0.70 点。对总指数增长贡献度最大的是科技投入，贡献率达到 55.47%；其次是社会和谐，贡献率为 27.56%；而环境友好的贡献率为负数。

对比 2012 年和 2013 年地级市型实验区创新能力指数增长的贡献率分布（图 3−22）可以看出，2012 年科技投入和科技产出指数的贡献度比较大，贡献率分别为 27.84% 和 54.08%；2013 年是科技投入和社会和谐的贡献度比较大，贡献率分别为 55.47% 和 27.56%。2013 年科技产出的贡献度有所下降，贡献率由 2012 年的 54.08% 下降到 2013 年的 14.96%，环境友好的贡献度由正向转为负向，贡献率由 2.37% 下降到 −7.01%。这表明地级市型实验区科技投入、科技产出较快增长，在促进区域经济发展的同时也加快了区域社会和谐的步伐，但依靠科技进步促进环境友好方面的任务仍然非常艰巨。

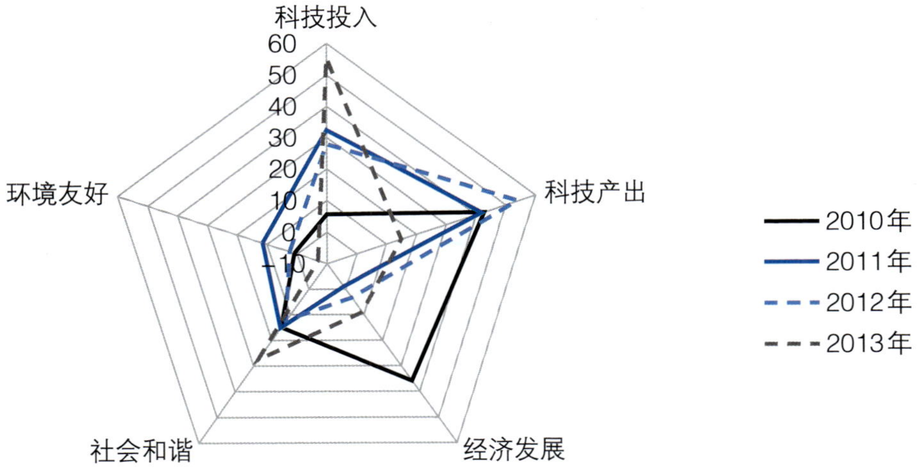

图 3−22　2010—2013 年地级市型国家可持续发展实验区创新能力指数增长的贡献率

（二）地级市型实验区创新能力指数增长情况

地级市型国家可持续发展实验区创新能力 5 个一级指标的加权增长率如图 3−23

所示，近年来五个二级指标的加权增长率的变化存在明显差别。

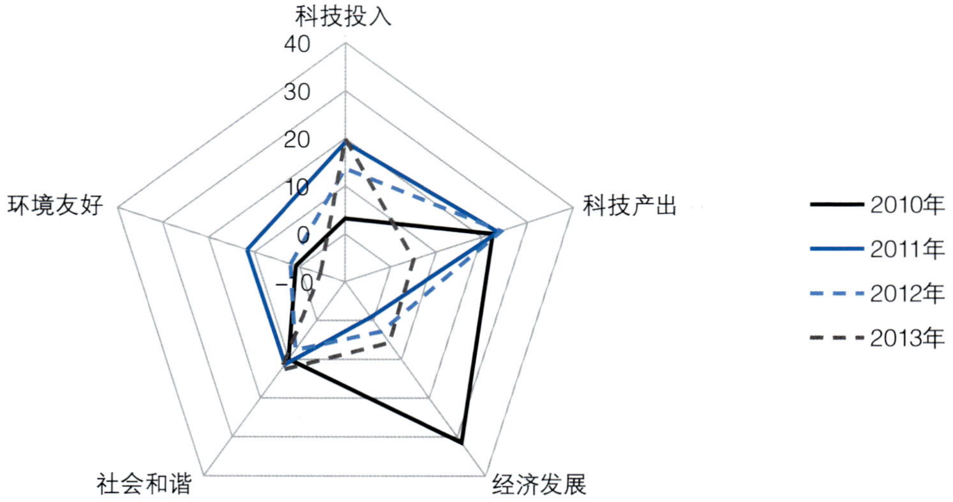

图 3-23　2010—2013 年地级市型国家可持续发展实验区五个方面的加权对称增长率

自 2011 年起，科技投入一直有比较高的增长率，2013 年最高达到 19.9%；2010 年至 2012 年，科技产出的增长率均超过 20%，2013 年增长放缓，增长率为 5.0%；经济发展方面，2010 年增速最快，增长 31.5%，但 2013 年下降为仅有 5.7%；社会和谐指数的增长率相对比较稳定，2013 年为 12.8%；环境友好除在 2011 年有比较高的增长率 11.6% 外，其他各年均较低，且在 2013 年下降 4.59%。

1. 科技投入

从 2010 年到 2013 年，地级市型实验区科技投入指标的加权增长率均呈正向增长（图 3-24），2013 年增速最快，各年增长速度分别为 3.2%、19.2%、13.7% 和 19.9%。

进一步分析构成科技投入指标的各项二级指标的对称增长率，地级市型实验区的本级科学技术支出和人均本级科学技术支出一直保持增长态势，在 2011 年的增长率最高，2013 年的增长率分别为 26.2% 和 14.0%。对于本级科学技术支出占当年本级财政一般预算支出的比例，2010 年和 2011 年连续两年增长率为负，2012 年和 2013 年又恢复增长，2013 年的增长率为 19.6%。

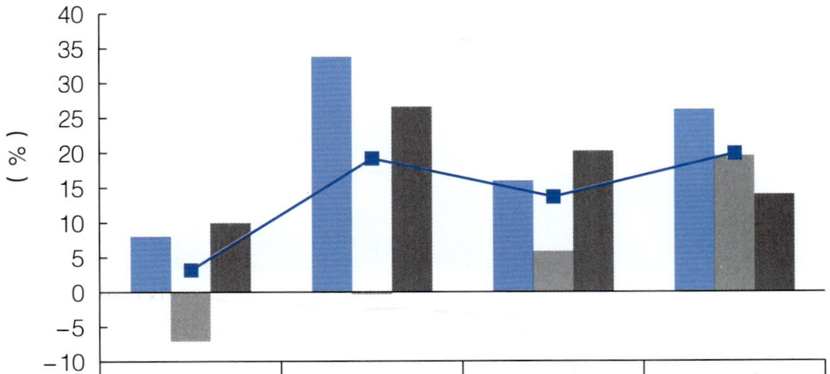

	2010年	2011年	2012年	2013年
本级科学技术支出	8.1	33.8	16.0	26.2
本级科学技术支出占当年本级财政一般预算支出比例	−7.1	−0.3	5.8	19.6
人均本级科学技术支出	10.0	26.6	20.3	14.0
科技投入	3.2	19.2	13.7	19.9

图 3-24　2010—2013 年地级市型国家可持续发展实验区科技投入的增长率

2. 科技产出

从 2010 年到 2013 年，地级市型实验区科技产出指标的加权增长率如图 3-25 所示。各年增长率分别为 22.4%、23.6%、24.3% 和 5.0%，2010—2012 年增长持续加快，2013 年增长明显放缓。

进一步分析构成科技产出指数的各项二级指标的对称增长率，可以看出近几年来各项二级指标的增长率有较大差别，2013 年前专利产出的增长速度快于高新技术产业发展的增长速度。专利产出方面，百万人授权发明专利数在 2011 年和 2012 年快速增长，增长率分别达到 46.9% 和 37.4%，2013 年增长率为 3.4%，明显下降；万人专利授权数在 2010 年和 2012 年两年以超过 30% 的速度增长后，又于 2013 年出现了负向增长，增长率为 −9.7%。

高新技术产业发展方面，高新技术企业的发展速度明显快于高新技术产业产值的发展速度，2010—2013 年平均每个地级市型实验区的百万人累计认定并有效的高新技术企业数每年均以超过 10% 的增长率持续增加，2013 年增长率 12.7%；2013 年

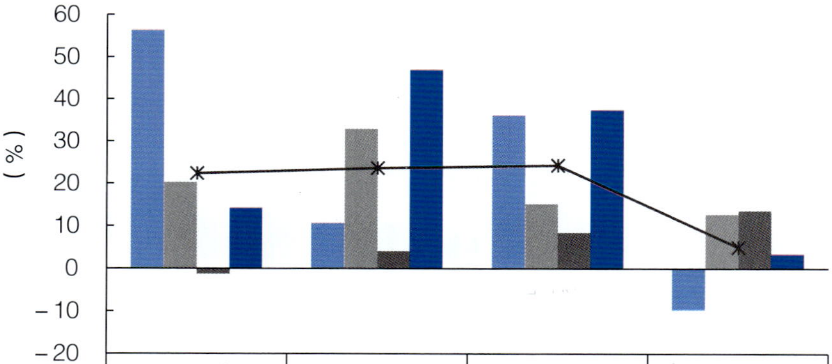

	2010年	2011年	2012年	2013年
万人专利授权数	56.3	10.7	36.1	-9.7
百万人累计认定并有效的高新技术企业	20.3	32.9	15.2	12.7
高新技术产业产值占工业总产值比	-1.3	4.0	8.4	13.6
百万人授权发明专利数	14.2	46.9	37.4	3.4
科技产出	22.4	23.6	24.3	5.0

图 3-25　2010—2013 年地级市型国家可持续发展实验区科技产出的增长率

高新技术产业产值占工业总产值的比例同比增长 13.6%，而前两年的增长率均不超过 10%，2010 年出现了负增长。

3. 经济发展

从 2010 年到 2013 年，地级市型实验区经济发展指标的加权增长率差别较大（图 3–26），各年分别为 31.5%、–0.9%、2.9% 和 5.7%，相比 2010 年，后 3 年的增速明显放缓，既有正向的高速增长，也有负向的增长，很不稳定。

进一步分析构成经济发展指数的各项二级指标的对称增长率，人均 GDP 的同比增长速度呈逐年放缓的态势，2010 年为 21.5%，2013 年为 9.1%；万人新登记注册企业数在 2010 年增长 41.4% 之后，2011—2012 年出现负增长，分别同比减少 18.4% 和 3.5%，2013 年又恢复增长，略增 2.3%。

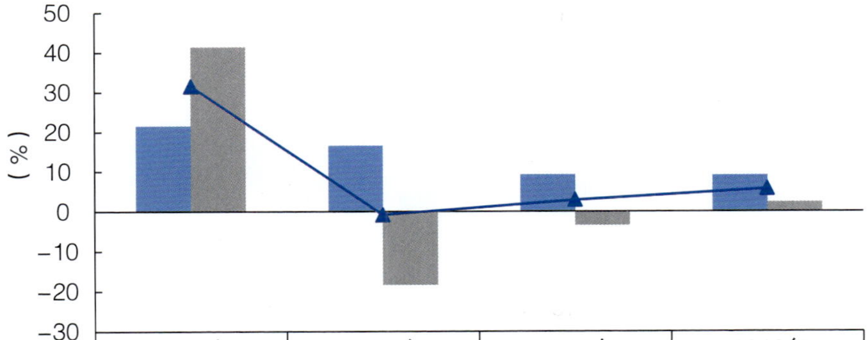

	2010年	2011年	2012年	2013年
人均GDP	21.5	16.6	9.2	9.1
万人新登记注册企业数	41.4	−18.4	−3.5	2.3
经济发展	31.5	−0.9	2.9	5.7

图 3–26　2010—2013 年地级市国家可持续发展实验区经济发展的增长率

4. 社会和谐

从 2010 年到 2013 年，地级市型实验区社会和谐指标的加权增长率均呈正向增长（图 3–27 和图 3–28），各年增长速度分别为 10.0%、11.3%、7.6% 和 12.8%，2013 年增长率最高。

社会和谐涉及多方面的二级指标。反映人口健康方面的新生儿死亡率 2011 年大幅下降 10.2%，2013 年下降 5.4%。反映社会就业保障的城镇登记失业率各年的下降率基本稳定，2013 下降了 6.0%。反映生产安全的亿元国内生产总值生产安全事故死亡率各年均以较大的幅度下降，2010 年和 2013 年的降幅均超过 30%。

在城乡居民收入有关的 3 个指标中，城镇居民人均可支配收入和农村居民人均纯收入的增长比较稳定，且多数年份农村居民人均纯收入的增长快于城镇居民人均可支配收入的增长，2013 年城镇居民人均可支配收入和农村居民人均纯收入分别同比增长 10.1% 和 12.6%。由于农村居民人均纯收入有更快的增长速度，城乡居民收入比每年均有所下降，2011 年降幅最大，为 5.0%，2013 年下降 1.5%。在城镇化建设方面，城镇居民人口的比重持续增长，2011 年增长最快，为 5.3%，2013 年的增长率为 2.2%。

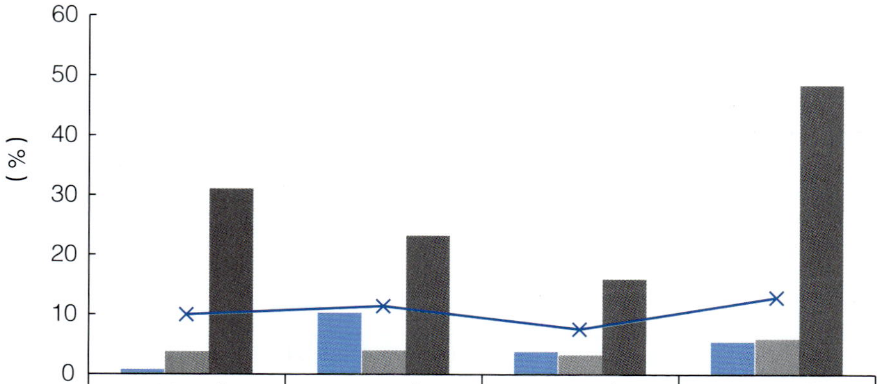

	2010 年	2011 年	2012 年	2013 年
新生儿死亡率	0.8	10.2	3.8	5.4
城镇登记失业率	3.8	4.0	3.3	6.0
亿元国内生产总值生产安全事故死亡率	31.1	23.2	16.0	48.4
社会和谐	10.0	11.4	7.6	12.8

图 3-27　2010—2013 年地级市型国家可持续发展实验区社会和谐增长率（1）

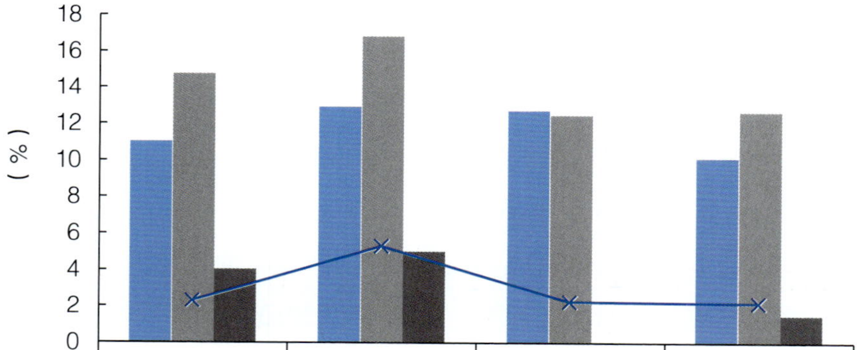

	2010年	2011年	2012年	2013年
城镇居民人均可支配收入	11.0	12.9	12.7	10.1
农民人均纯收入	14.8	16.8	12.4	12.6
城乡收入比	4.0	5.0	0.0	1.5
城镇居民人口比重	2.3	5.3	2.2	2.2

图 3-28　2010—2013 年地级市型国家可持续发展实验区社会和谐增长率（2）

5. 环境友好

从 2010 年到 2012 年，地级市型实验区环境友好指标的加权增长率如图 3–29，除 2011 年有 11.3% 的增长率外，其他各年的增长率均不高，且在 2013 年出现了负向增长，增长率为 −4.59%。

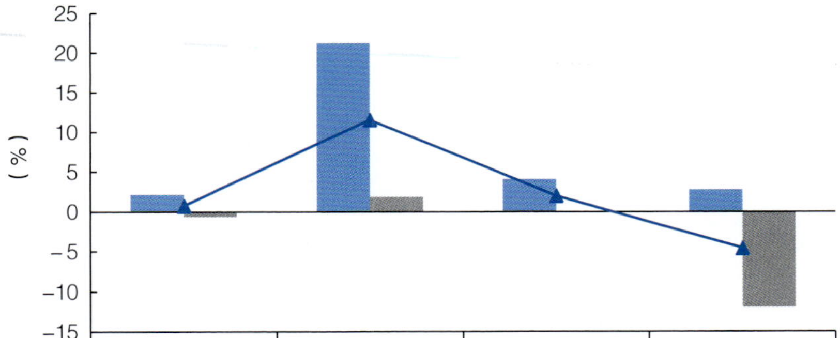

	2010 年	2011 年	2012 年	2013 年
单位GDP能耗	2.2	21.2	4.1	2.8
空气质量达到二级以上天数占全年比重	−0.6	1.9	−0.1	−12.0
环境友好	0.8	11.6	2.0	−4.59

图 3–29　2010—2013 年地级市型国家可持续发展实验区环境友好增长率

进一步分析构成环境友好指数的各项二级指标的对称增长率，可以看出近几年环境改善的速度较慢。单位 GDP 能耗上，2011 年有最大的降幅，为 21.2%，其他几年均只有小幅下降，2013 年仅为 2.8%。在空气质量达到二级以上天数占全年比重上，除 2011 年有 1.9% 的正向增长外，其他各年均为负向增长，2013 年为 −12.0%，下降速度很快。

四、小结

以 2009 年为基数 100，2013 年县域型、城区型、地级市型实验区的创新能力指数分别达到 160.5、138.8、151.8，县域性实验区创新能力指数增长最快。

从 2013 年创新能力指数的增长结构看，县域性、城区型和地级市型实验区对总指数增长贡献度最大的均为科技投入，贡献率分别达到 31.32%、55.59% 和 55.47%；排第二位的分别是科技产出、经济发展和社会和谐；贡献率最小的均为环境友好。

第四章

国家可持续发展实验区创新能力与全国和所在省比较

根据所能够收集到的全国和各省的指标数据，本章从科技投入、科技产出、经济发展和社会发展四个方面进行分析。一方面，将 2013 年全国县域型、城区型和地级市型国家可持续发展区在相关指标上的平均值与全国平均水平进行比较，并比较东、中、西部实验区的发展情况；另一方面，考虑到全国 31 个省（市、区）中有 25 个建有县域型实验区、24 个建有城区型实验区、17 个建有地级市型实验区，分别计算各省 2013 年县域性、城区型和地级市型国家可持续发展实验区在相关指标上的平均值，与所在省份的平均水平进行比较分析，以此了解各类实验区在相关指标上的发展状况。

一、科技投入比较

科技投入方面，全国和各省只能收集到地方财政科学技术支出和地方财政一般预算支出。为此，本节进行这两个方面的比较：一是将实验区的人均本级科学技术支出与全国或省的人均地方财政科学技术支出进行比较；二是将实验区的本级科学技术支出占当年本级财政一般预算支出的比例与全国或省的地方财政科学技术支出占当年地方财政一般预算支出的比例进行比较。

（一）东、中、西部实验区及其与全国的比较

1. 各类实验区与全国的比较

2013 年全国人均地方财政科学技术支出和各类实验区的人均本级科学技术支出情况如图 4-1 所示。各类实验区的人均本级科学技术支出均低于全国人均地方财政科学技术支出额。但在本级科学技术支出占本级财政一般预算支出的比例上，除县域型实验区外，城区型和地级市型均高于全国地方财政科学技术支出占地方财政一般预算支出的比例，分别高出 0.12 和 0.19 个百分点，县域型实验区低 0.12 个百分点。

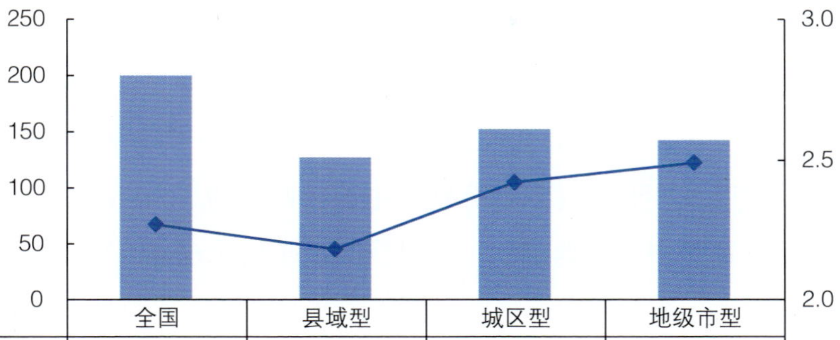

	全国	县域型	城区型	地级市型
人均本级（地方）财政科学技术支出（元）	199.5	127.11	152.13	142.66
本级（地方）财政科学技术支出占本级（地方）财政一般预算支出的比例（%）	2.3	2.18	2.42	2.49

图 4-1　2013 年各类实验区与全国科学技术支出比较

2. 东、中、西部实验区比较

2013 年东、中和西部各类实验区的人均本级科学技术支出的平均值如图 4-2 所示。

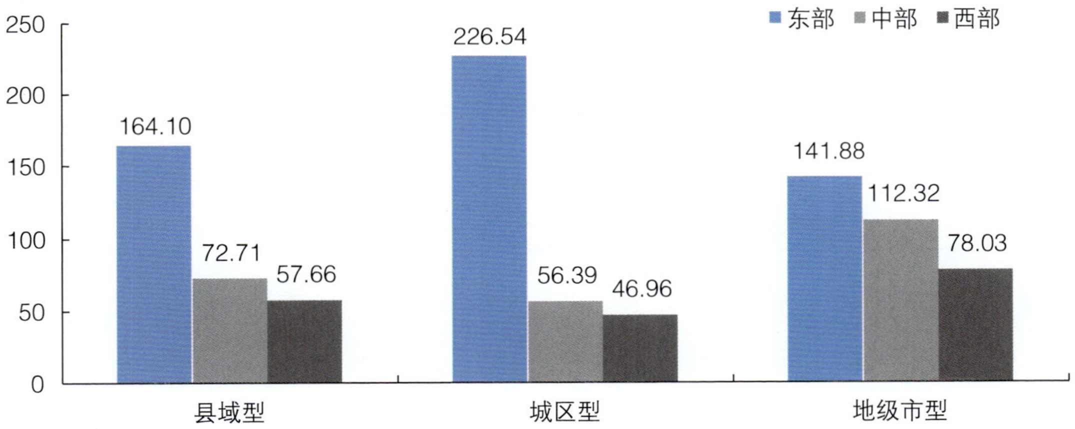

图 4-2　2013 年东、中、西部各类实验区的人均本级科学技术支出

东、中、西部各类实验区间的人均本级科学技术支出平均值存在明显差距，三类实验区均呈东、中、西梯次减小的态势。对县域型实验区，东部分别是中部和西部的 2.26 倍和 2.85 倍；城区型实验区，东部分别是中部和西部的 4.02 倍和 4.82 倍；地级市型实验区，东部分别是中部和西部的 1.26 倍和 1.82 倍。地级市型实验区间的差距最小，城区型实验区间的差距最大。

2013 年东、中和西部各类实验区的本级科学技术支出占当年本级财政一般预算支出比的平均值如图 4–3 所示，他们之间的差距明显。县域型、城区型和地级市型均呈东、中、西梯次减小的态势。对县域型实验区，东部分别是中部和西部的 1.19 倍和 2.20 倍；城区型实验区，东部分别是中部和西部的 2.20 倍和 2.62 倍；地级市型实验区，东部分别是中部和西部的 1.44 倍和 3.37 倍。东部与西部之间是地级市型实验区间的差距最大，东部与中部之间是城区型实验区间的差距最大。

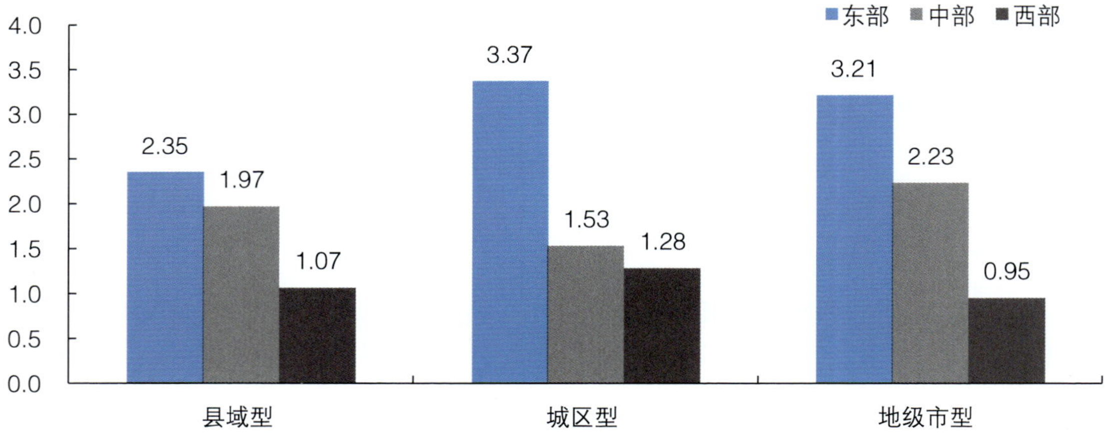

图 4–3　2013 年东、中、西部各类实验区的人均本级科学技术支出所占比例

（二）各类实验区与所在省的比较

1. 人均本级科学技术支出

各省（市、区）（以下简称为“省”）的人均地方财政科学技术支出与本省内各类实验区的人均本级科学技术支出如表 4–1 所示。

25 个建有县域型实验区的省中，有 5 个省的县域型实验区人均本级科学技术支出高于本省的人均地方财政科学技术支出，这 5 个地区分别是江苏、江西、山东、湖南和海南，有 12 个省的县域型实验区人均本级科学技术支出不到本省人均地方财政科学技术支出的 50%。

24 个建有城区型实验区的省中，仅山东省的城区型实验区的人均本级科学技术支出略高于本省人均地方财政科学技术支出，有 10 个省的城区型实验区人均本级科学技术支出的平均值不到本省人均地方财政科学技术支出的 50%。

17 个建有地级市型实验区的省中，有 5 个省的地级市型实验区的人均本级科学技术支出高于或等于本省人均地方财政科学技术支出，11 个省的地级市型实验区人均本级科学技术支出的平均值不到本省人均地方财政科学技术支出的 50%。

表 4–1 各类实验区的人均本级科学技术支出与所在省比较 [①]

序号	省（市）	人均地方财政科学技术支出（元）	人均本级科学技术支出（元）		
			县域型	城区型	地级市型
1	北京	1109.55		185.59	
2	天津	630.50		270.88	
3	河北	67.86	34.86		12.20
4	山西	170.96	57.82	39.90	18.13
5	内蒙古	126.66	84.13	79.21	54.03
6	辽宁	271.05	87.39	174.26	
7	吉林	135.30		22.53	46.06
8	黑龙江	100.68	8.93	68.78	47.88
9	上海	1066.92	261.09	541.74	
10	江苏	381.14	405.97	229.85	434.55
11	浙江	348.98	185.67	172.23	119.69
12	安徽	181.87	117.34	36.94	462.84
13	福建	160.63	99.27	132.34	41.20
14	江西	102.43	108.67	58.58	
15	山东	153.23	171.62	159.82	101.78
16	河南	84.99	50.63	61.97	112.88
17	湖北	133.14	57.81	83.22	44.41
18	湖南	82.89	96.35		
19	广东	324.07	47.12	172.18	

① 注：表中空格表示该省没有此类实验区，“—”表示该类实验区缺此数据或此数据无效，后文同。

续表

序号	省（市）	人均地方财政科学技术支出（元）	人均本级科学技术支出（元）		
			县域型	城区型	地级市型
20	广西	115.19	46.72		
21	海南	154.53	301.28		
22	重庆	130.13	49.21	70.09	
23	四川	85.74	40.84	71.20	
24	贵州	97.86	87.76	77.66	17.92
25	云南	90.87	38.35	20.83	8.48
26	陕西	101.01	14.52	26.14	33.53
27	甘肃	76.53	29.13	25.13	
28	青海	145.16			154.63
29	宁夏	163.46		37.68	
30	新疆	176.02	143.82		175.59

2. 本级科学技术支出占当年本级财政一般预算支出的比例

各省的地方财政科学技术支出占地方财政一般预算支出比例与本省内各类实验区的本级科学技术支出占本级财政一般预算支出的比例如表 4–2 所示。

25 个建有县域型实验区的省中，有 13 个省的县域型实验区本级科学技术支出占本级财政一般预算支出比例的平均值高于本省的平均值，仅有 3 个省的县域型实验区的平均值不到本省整体水平的 50%。

24 个建有城区型实验区的省中，有 11 个省的城区型实验区本级科学技术支出占本级财政一般预算支出比例的平均值高于本省的整体水平，仅有 2 个省的城区型实验区的平均值不到本省整体水平的 50%。

17 个建有地级市型实验区的省中，有 5 个省的地级市型实验区的本级科学技术支出占本级财政一般预算支出比例的平均值高于本省整体水平，仅有 1 个省的地级市型实验区的平均值不到本省整体水平的 50%。

表 4-2　各类实验区的本级科学技术支出所占比例与所在省比较

序号	省（市）	地方财政科学技术支出占地方财政一般预算支出比例（%）	本级科学技术支出占本级财政一般预算支出比例（%）		
			县域型	城区型	地级市型
1	北京	5.62		1.27	
2	天津	3.64		2.21	
3	河北	1.13	1.07		1.11
4	山西	2.05	1.44	1.61	1.19
5	内蒙古	0.86	1.24	1.23	0.80
6	辽宁	2.29	1.52	2.13	
7	吉林	1.36		1.30	1.80
8	黑龙江	1.15	3.00	2.40	1.80
9	上海	5.69	1.91	5.57	
10	江苏	3.88	4.62	5.35	4.48
11	浙江	4.06	3.30	4.23	5.10
12	安徽	2.52	2.75	1.72	6.03
13	福建	1.98	1.87	3.03	2.40
14	江西	1.33	1.73	1.05	
15	山东	2.23	3.39	2.46	2.94
16	河南	1.43	1.89	1.18	1.66
17	湖北	1.77	1.53	1.73	2.30
18	湖南	1.18	2.17		
19	广东	4.78	1.27	4.04	
20	广西	1.69	1.01		
21	海南	1.37	3.50		
22	重庆	1.26	0.92	1.34	
23	四川	1.12	0.88	1.79	
24	贵州	1.11	1.89	2.63	0.33
25	云南	1.04	1.06	0.52	1.08

续表

序号	省（市）	地方财政科学技术支出占地方财政一般预算支出比例（%）	本级科学技术支出占本级财政一般预算支出比例（%）		
			县域型	城区型	地级市型
26	陕西	1.04	0.31	1.05	0.67
27	甘肃	0.86	1.06	1.30	
28	青海	0.68			1.45
29	宁夏	1.16		0.34	
30	新疆	1.30	1.34		1.22

从以上分析可看出，在人均本级科学技术支出上，有 80% 的县域型实验区、95.8% 的城区型实验区和 70.59% 的地级市型实验区的人均本级科学技术支出低于本省的人均地方财政科学技术支出；但在本级科学技术支出占当年本级财政一般预算支出比例上，只有 48% 的县域型实验区、54.17% 的城区型实验区和 35.29% 的地级市型实验区低于本省地方财政科学技术支出占地方财政一般预算支出的比例。

二、科技产出比较

科技产出方面，可收集的全国和各省能用于对比的指标数据有万人专利授权数和百万人授权发明专利数，本节从这两个方面对比分析实验区与全国和所在省的科技产出情况。

（一）东、中、西部实验区及其与全国的比较

1. 各类实验区与全国的比较

2013 年全国与各类实验区的万人专利授权数和百万人授权发明专利数如图 4–4 所示。在万人专利授权数上，各类实验区的均值都高于全国平均水平，县域型、城区型和地级市型实验区的万人专利授权数分别是全国平均水平的 1.14 倍、3.82 倍和 1.33 倍。在百万人授权发明专利数上，县域型和地级市型实验区低于全国平均水平，分别

是全国平均水平的 0.72 倍和 0.90 倍，城区型高于全国平均水平，是全国平均水平的 2.83 倍。

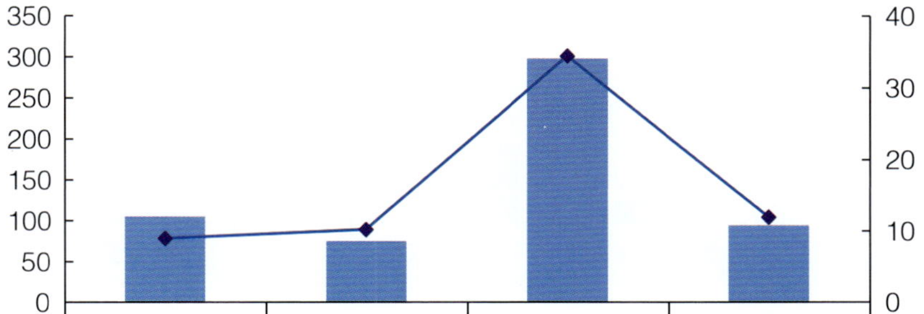

	全国	县域型	城区型	地级市型
百万人授权发明专利数	105.48	75.71	298.79	95.11
万人专利授权数	9.03	10.28	34.49	12.04

图 4-4　2013 年各类实验区与全国专利产出比较

从专利产出数量看，各类实验区均高于全国平均水平，特别是城区型实验区，万人专利授权数和百万人授权发明专利数均已超过全国平均水平。但在专利产出质量上，2013 年全国发明专利授权数占专利授权的比例为 11.68%，而县域型、城区型和地级市型国家可持续发展实验区分别为 7.36%、8.66% 和 7.90%，均低于全国平均水平。

2. 东、中、西部实验区比较

2013 年东、中和西部省及其各类实验区的万人专利授权数的平均值如图 4-5 所示。东部城区型和地级市型实验区的万人专利授权数分别是东部省平均值的 2.11 倍和 1.37 倍，东部县域型实验区万人专利授权数的平均值低于东部省的平均值。中部城区型和地级市型的万人专利授权数分别是中部省平均值的 12.29 倍和 1.47 倍，中部县域型实验区万人专利授权数的平均值也低于中部省的平均值。西部只有城区型实验区的万人专利授权数高于西部省平均值，是其 1.78 倍，县域型和地级市型均低于西部省平均值。

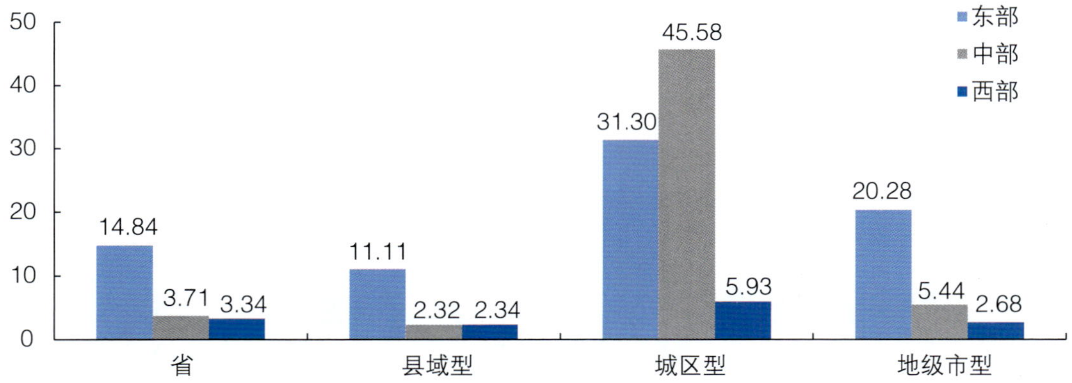

图 4-5　2013 东、中、西部省及其实验区万人专利授权数

东、中、西部各类实验区之间万人专利授权数的平均值存在明显差距，除城区型实验区外，其他两类实验区均呈东、中、西部梯次减小的态势。对县域型实验区，东部分别是中部和西部的 4.80 倍和 4.74 倍；城区型实验区，东部分别是中部和西部的 0.69 倍和 5.28 倍；地级市型实验区，东部分别是中部和西部的 3.73 倍和 7.57 倍。对县域型实验区，中部与东部的差距略大于西部与东部的差距；对城区型实验区，中部万人专利授权数的平均值高于东部实验区；对地级市型实验区，西部与东部之间的差距明显高于中部与东部的差距。且东部与西部实验区之间的差距高于相应省之间的差距。

2013 年东、中和西部省及其各类实验区的百万人发明专利授权数的平均值如图 4–6 所示。东部县域型和地级市型实验区的百万人发明专利授权数均低于东部省的平均水平，东部城区型实验区是东部省平均水平的 2.26 倍。中部只有县域型实验区的百万人发明专利授权数低于中部省的平均水平，城区型和地级市型实验区的平均值分别是中部省平均水平的 3.39 倍和 1.08 倍。西部也只有县域型实验区的百万人发明专利授权数低于西部省的平均水平，城区型和地级市型实验区的平均值分别是西部省平均水平的 2.21 倍和 1.04 倍。

东、中、西部各类实验区间百万人发明专利授权数平均值存在明显差距，各类实验区均呈东、中、西部梯次减小的态势。对县域型实验区，东部分别是中部和西部的 2.28 倍和 3.06 倍；城区型实验区，东部分别是中部和西部的 3.09 倍和 5.07 倍；地级市型实验区，东部分别是中部和西部的 2.59 倍和 2.87 倍。各类实验区西部与东部之间的差距均要高于中部与东部之间的差距。且除城区型实验区的东部与西部差距高于省份之间的差距外，其他各类实验区东、中、西部之间在百万人发明专利授权数上的差距均小于相应省之间的差距，说明东、中、西部实验区科技产出上的均衡性较好。

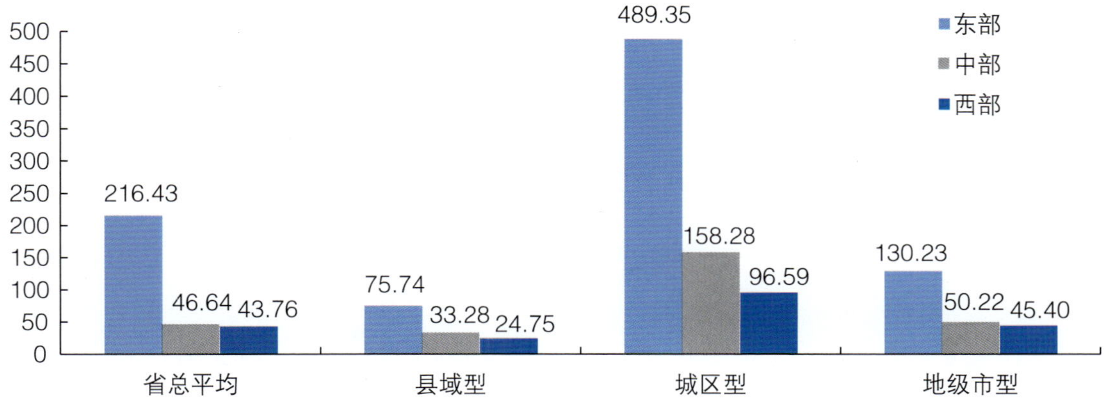

图 4-6　2013 东、中、西部省及其实验区百万人发明专利授权数

（二）各类实验区与所在省的比较

1. 万人专利授权数

2013 年各省及其本省内各类实验区的万人专利授权数的平均值如表 4-3 所示。

25 个建有县域型实验区的省中，有 4 个省的县域型实验区的万人专利授权数高于本省平均水平，这 4 个省分别是河北、江苏、甘肃和新疆，有 8 个省的万人专利授权数不到本省平均水平的 50%。

24 个建有城区型实验区的省中，仅宁夏的城区型实验区万人专利授权数低于本省平均水平，其余各省城区型实验区的万人专利授权数的平均值均高于本省平均水平，其中黑龙江和湖北的城区型实验区的万人专利授权数分别是本省的 28 倍和 31 倍。

17 个建有地级市型实验区的省中，有 6 个省的地级市型实验区的万人专利授权数高于本省万人专利授权数的平均值，同时，也有 7 个省的地级市型实验区万人专利授权数的平均值不到本省平均水平的 50%。

表 4–3　各类实验区的万人专利授权数与所在省比较

序号	省（市）	全省（件）	县域型（件）	城区型（件）	地级市型（件）
1	北京	29.63		12.67	
2	天津	16.89		32.00	
3	河北	2.48	4.72		3.63
4	山西	2.36	1.56	4.31	2.31
5	内蒙古	1.54	0.65	2.35	0.15
6	辽宁	4.93	2.56	10.39	
7	吉林	2.26		3.00	0.73
8	黑龙江	5.17	4.00	148.48	0.63
9	上海	20.16	5.64	30.19	
10	江苏	30.19	55.36	70.81	46.79
11	浙江	36.80	33.18	43.87	34.31
12	安徽	8.10	2.98	22.85	27.24
13	福建	9.94	1.98	21.00	7.29
14	江西	2.20	1.67	6.30	
15	山东	7.91	4.63	37.64	9.36
16	河南	3.13	2.14	19.60	3.33
17	湖北	4.96	2.50	157.74	3.69
18	湖南	3.65	3.04		
19	广东	16.01	2.62	23.10	
20	广西	1.67	0.45		
21	海南	1.49	0.00		

续表

序号	省（市）	全省（件）	县域型（件）	城区型（件）	地级市型（件）
22	重庆	8.36	4.53	11.91	
23	四川	5.70	3.12	8.24	
24	贵州	2.26	1.42	5.24	0.55
25	云南	1.45	0.44	2.60	0.14
26	陕西	5.54	0.52	9.31	0.67
27	甘肃	1.83	3.45	2.80	
28	青海	0.87			0.41
29	宁夏	1.85		1.43	
30	新疆	2.21	2.92		11.63

2. 百万人授权发明专利数

2013年各省（市）及其本省内各类实验区的百万人授权发明专利数平均值如表4–4所示。

25个建有县域型实验区的省（市）中，有6个省的县域型实验区的百万人发明专利授权数高于本省平均水平，这6个省分别是河北、江苏、浙江、河南、贵州和甘肃，但有9个省的百万人发明专利授权数不到本省平均水平的50%。

24个建有城区型实验区的省中，仅北京、吉林、黑龙江和宁夏4个省的城区型实验区百万人发明专利授权数低于本省平均水平，其余20个省城区型实验区的百万人发明专利授权数的平均值均高于本省平均水平，其中辽宁、安徽、福建和河南4省的城区型实验区的百万人发明专利授权数达本省平均水平的5倍以上。

17个建有地级市型实验区的省中，有7个省的地级市型实验区的百万人发明专利授权数高于本省百万人发明专利授权数的平均值，有5个省的地级市型实验区百万人发明专利授权数的平均值不到本省平均水平的50%。

表 4-4　各类实验区的百万人授权发明专利数与所在省比较

序号	省（市）	全省（件）	县域型（件）	城区型（件）	地级市型（件）
1	北京	978.49		203.92	
2	天津	213.38		462.59	
3	河北	27.38	55.51		35.73
4	山西	36.69	21.78	146.44	18.60
5	内蒙古	21.98	0.00	56.41	14.87
6	辽宁	87.24	35.71	516.91	
7	吉林	54.38		12.08	10.23
8	黑龙江	58.36	51.22	17.47	61.92
9	上海	440.75	33.72	1125.23	
10	江苏	211.49	250.39	744.41	357.90
11	浙江	202.60	227.05	393.81	147.30
12	安徽	70.33	24.89	499.83	187.45
13	福建	77.93	36.86	392.78	44.19
14	江西	20.41	14.47	74.72	
15	山东	91.58	54.62	137.73	66.05
16	河南	33.71	81.89	301.03	40.56
17	湖北	69.87	51.24	158.24	17.89
18	湖南	54.00	20.76		
19	广东	188.69	5.03	426.75	
20	广西	27.44	16.55		
21	海南	50.17	41.96		
22	重庆	79.46	16.40	205.23	
23	四川	56.32	40.11	150.48	

续表

序号	省（市）	全省（件）	县域型（件）	城区型（件）	地级市型（件）
24	贵州	22.16	38.09	82.49	2.60
25	云南	27.99	4.76	34.30	3.63
26	陕西	109.80	7.41	150.78	4.75
27	甘肃	30.40	47.67	35.21	
28	青海	15.74			22.99
29	宁夏	28.13		17.61	
30	新疆	23.85	18.78		193.04

从以上分析可看出，在万人专利授权数上，有16%的县域型实验区、91.67%的城区型实验区和35.29%的地级市型实验区的万人专利授权数高于本省平均水平；在百万人发明专利授权数上，24%的县域型实验区、83.33%的城区型实验区和41.18%的地级市型实验区高于本省平均水平。

三、经济发展比较

经济发展方面，可收集的全国和各省能用于对比的指标数据只有人均GDP，本节通过比较人均GDP，对比分析实验区与全国和所在省的经济发展情况。

（一）东、中、西部实验区及其与全国的比较

1. 各类实验区与全国的比较

2013年全国与各类实验区的人均GDP情况如图4-7所示。在人均GDP上，各类实验区的均值都高于全国平均水平，县域型、城区型和地级市型国家可持续发展实验区的人均GDP分别是全国平均水平的1.34倍、2.08倍和2.12倍。

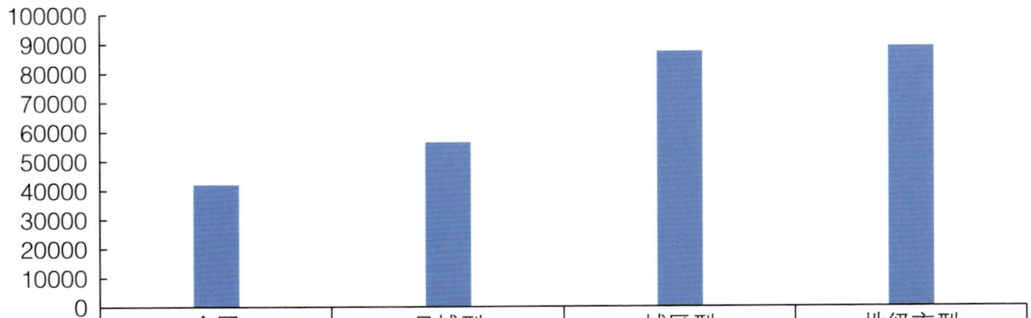

	全国	县域型	城区型	地级市型
■人均GDP	41907.59	56343.88	87189.11	88749.99

图 4-7 2013 年各类实验区与全国人均 GDP

2. 东、中、西部实验区比较

2013 年东、中和西部省及其各类实验区的人均 GDP 平均值如图 4–8 所示。东部省中只有县域型实验区人均 GDP 的平均值低于东部省的平均水平，城区型和地级市型实验区分别是东部省平均水平的 1.62 倍和 1.21 倍。中部和西部各类实验区的人均 GDP 平均值均分别高于中部和西部省的平均水平，中部县域型、城区型和地级市型实验区人均 GDP 的平均值分别是中部省平均水平的 1.00 倍、1.65 倍和 2.28 倍，西部分别是 1.32 倍、1.57 倍和 2.87 倍。

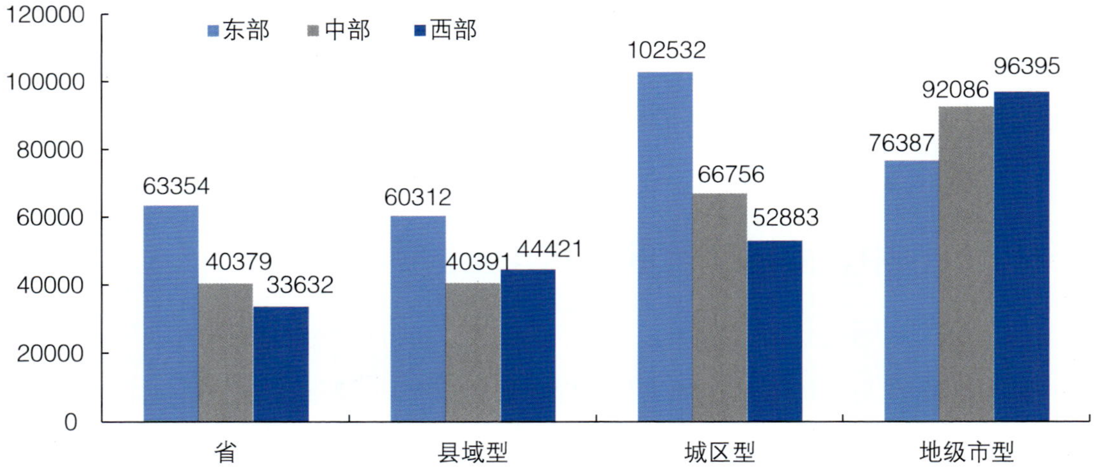

图 4-8 2013 年东、中、西部省及其实验区的人均 GDP

东、中、西部的各类实验区间人均 GDP 平均值存在明显差距。对县域型实验区，东部分别是中部和西部的 1.49 倍和 1.36 倍；城区型实验区，东部分别是中部和西部的 1.54 倍和 1.94 倍；地级市型实验区的人均 GDP 则是西部高于中部、中部高于东部，东部分别是中部和西部的 0.83 倍和 0.79 倍。东、中、西部各类实验区人均 GDP 平均值之间的差距小于东、中、西部省之间的差距。

（二）各类实验区与所在省的比较

2013 年各省及其本省内各类实验区的人均 GDP 平均值如表 4–5 所示。25 个建有县域型实验区的省（市）中，有 15 个省的县域型实验区的人均 GDP 平均值高于本省平均水平，只有上海和广东两个省（市）的县域型实验区的人均 GDP 平均值低于本省平均水平。

24 个建有城区型实验区的省中，仅吉林、甘肃和宁夏的城区型实验区的人均 GDP 平均值略低于本省平均水平，其余各省城区型实验区的人均 GDP 平均值均高于本省平均水平，其中安徽、湖北、广东、云南和陕西等几个省城区型实验区的人均 GDP 平均值是本省平均水平的 2 倍多。

17 个建有地级市型实验区的省中，仅贵州和云南的地级市型实验区的人均 GDP 的平均值略低于本省平均水平，其余 15 个省（市）的地级市型实验区的人均 GDP 平均值均高于本省平均水平。

表 4–5　各类实验区的人均 GDP 与所在省比较

序号	省（市）	全省（元）	县域型（元）	城区型（元）	地级市型（元）
1	北京	92210.14		108676	
2	天津	97609.44		110187	
3	河北	38596.63	71431.75		43628
4	山西	34716.8	48468.75	62049	39474
5	内蒙古	67393.95	52845	97133.5	196079

续表

序号	省（市）	全省（元）	县域型（元）	城区型（元）	地级市型（元）
6	辽宁	61680.41	72357	103549.4	
7	吉林	47183.35		43981	52831
8	黑龙江	37514.08	49217	43682	148209
9	上海	89444.22	36990	97231	
10	江苏	74515.81	118138.1	87647.33	96288.33
11	浙江	68331.19	62172.8	123979.3	80212
12	安徽	31574.68	21643.5	68038	92599
13	福建	57656.7	61234	92997	57472
14	江西	31707.26	31573.8	50120	
15	山东	56182.17	92174.5	75705.86	104335
16	河南	34161.12	42773	68113	64899
17	湖北	42539.21	33708.14	100929.3	50512
18	湖南	36621.08	42895.5		
19	广东	58402.83	24012.75	122813.7	
20	广西	30468.32	22164		
21	海南	35144.98	42448		
22	重庆	42615.12	27238	59234	
23	四川	32392.71	37522	51665.5	
24	贵州	22862.04	33323.5	41646.5	15953
25	云南	25157.57	19057	65213	16839
26	陕西	42631.48	28396	96495	84634
27	甘肃	24274.06	64200	22032	
28	青海	36362.93			70337.5
29	宁夏	39210.32		33895	
30	新疆	37180.74	101211		294209

从以上分析可看出，在人均 GDP 上，60% 的县域型实验区、87.50% 的城区型实验区和 82.35% 的地级市型实验区的人均 GDP 高于本省平均水平。

四、社会发展比较

社会发展方面，可收集的全国和各省能用于对比的指标数据有城镇登记失业率、城镇居民人均可支配收入、农村居民人均纯收入、城乡收入比以及城镇居民人口比重，本节运用这些指标比较实验区与全国以及所在省的社会发展情况。

（一）东、中、西部实验区及其与全国的比较

1. 各类实验区与全国的比较

2013 年全国与各类实验区的城镇登记失业率和城镇居民比重情况如图 4–9 所示。

在城镇登记失业率上，各类实验区的均值都明显低于全国平均水平，全国的城镇登记失业率为 4.0%，分别是县域型、城区型和地级市型实验区的 1.41 倍、1.48 倍和 1.48 倍。在反映城镇化建设的城镇居民人口比重上，除县域型实验区低于全国平均水平外，其他各类实验区的平均值均高于全国平均水平，城区型和地级市型分别是其 1.30 倍和 1.05 倍。

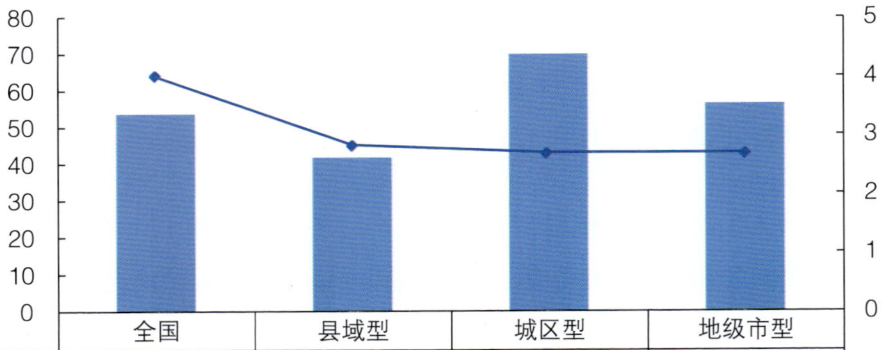

	全国	县域型	城区型	地级市型
城镇居民比重	53.73	41.86	69.97	56.54
城镇登记失业率	4.00	2.83	2.7	2.7

图 4–9　2013 年各类实验区与全国城镇登记失业率和城镇居民比重比较

2013 年全国与各类实验区的居民收入情况如图 4–10 所示。在城镇居民人均可支配收入上，县域型实验区的平均值略低于全国平均值，城区型和地级市型分别是全国平均水平的 1.12 倍和 1.01 倍；在农村居民人均纯收入上，各类实验区的平均值均高于全国平均水平，县域型和地级市型分别是全国平均水平的 1.34 倍和 1.32 倍。各类实验区的城乡居民收入比均明显低于全国平均水平，全国分别是县域型和地级市型的 1.43 倍和 1.22 倍。

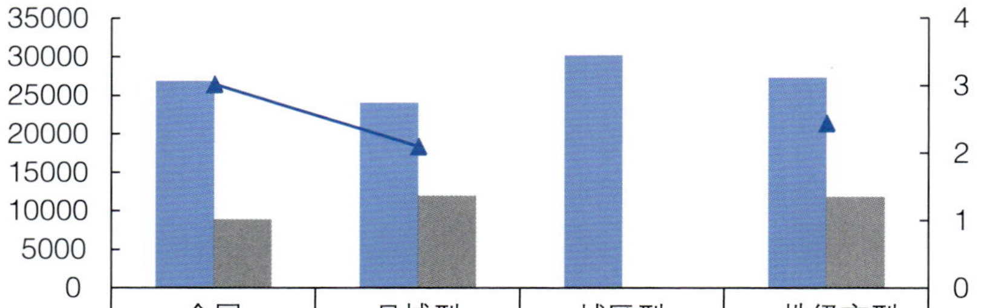

	全国	县域型	城区型	地级市型
城镇居民人均可支配收入	26955.1	24125.03	30251.39	27326.5
农民纯收入	8895.9	11964.77		11777.7
城乡居民收入比	3.03	2.11		2.48

图 4–10　2013 年各类实验区与全国城乡收入比较

2. 东、中、西部实验区比较

2013 年东、中和西部省及其各类实验区的城镇登记失业率平均值如图 4–11 所示。东、中、西部各类实验区的城镇登记失业率平均值均分别低于东、中、西部省的平均值。东部省城镇登记失业率的平均水平分别是东部县域型、城区型和地级市型实验区的 1.20 倍、1.10 倍和 1.32 倍，中部分别是 1.24 倍、1.04 倍和 1.13 倍，西部分别是 1.05 倍、1.25 倍和 1.18 倍。

县域型实验区的城镇登记失业率呈东、中、西部梯次升高的态势，东部分别是中部和西部的 0.88 倍和 0.77 倍；城区型和地级市型实验区均是中部最高，城区型东部分别是中部和西部的 0.80 倍和 1.00 倍；地级市型东部分别是中部和西部的 0.73 倍和 0.79 倍。

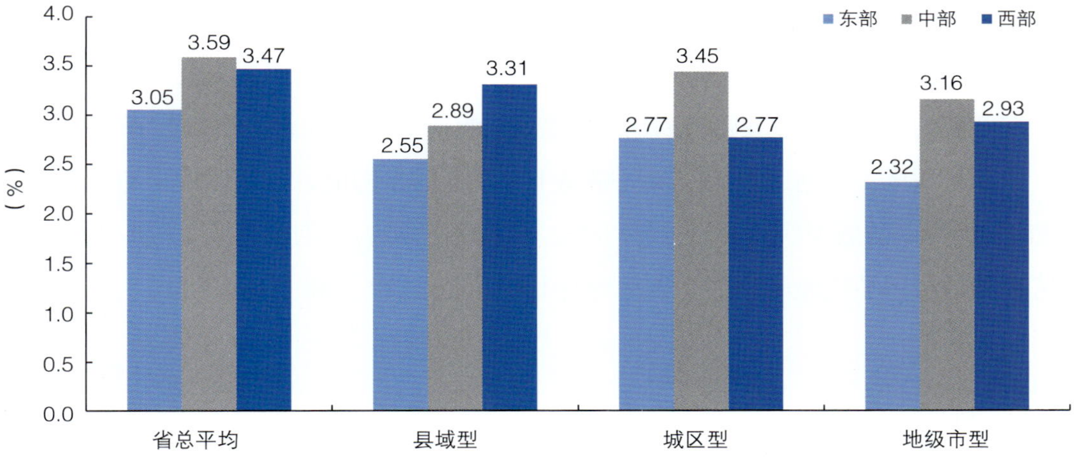

图 4-11　2013 年东、中、西部省及其实验区的城镇登记失业率

2013 年东、中和西部省及其各类实验区的城镇居民人口比重平均值如图 4-12 所示。东部只有城区型实验区的城镇居民人口比重高于东部省平均，中部城区型和地级市型实验区的城镇居民人口比重均高于中部省平均值，西部则是各类实验区的城镇居民人口比重均高于西部省的平均水平。

县域型实验区的城镇居民人口比重呈东、中、西部梯次升高的态势，东部分别是中部和西部的 0.93 倍和 0.78 倍；城区型实验区是东部高于西部、西部高于中部，东部分别是中部和西部的 1.34 倍和 1.28 倍；地级市型则是中部最高，东部分别是中部和西部的 0.88 倍和 1.07 倍。

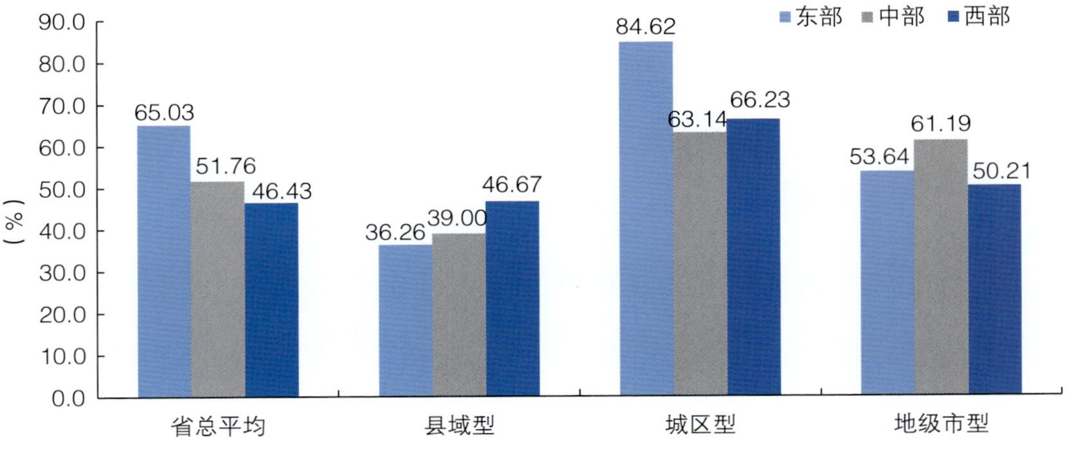

图 4-12　2013 年东、中、西部省及其实验区的城镇居民比重

2013 年东、中和西部省及其各类实验区的城镇居民人均可支配收入平均值如图 4–13 所示。东部除县域型实验区外，其他几类实验区的城镇居民人均可支配收入均高于东部省的平均，东部城区型和地级市型实验区分别是东部省平均的 1.18 倍和 1.02 倍。中部是城区型和地级市型实验区略高于中部省的平均值，分别是省平均值的 1.07 倍和 1.15 倍，县域型实验区低于省平均。西部各类实验区均高于省平均，县域型、城区型和地级市型实验区分别是省平均的 1.01 倍、1.12 倍和 1.03 倍。

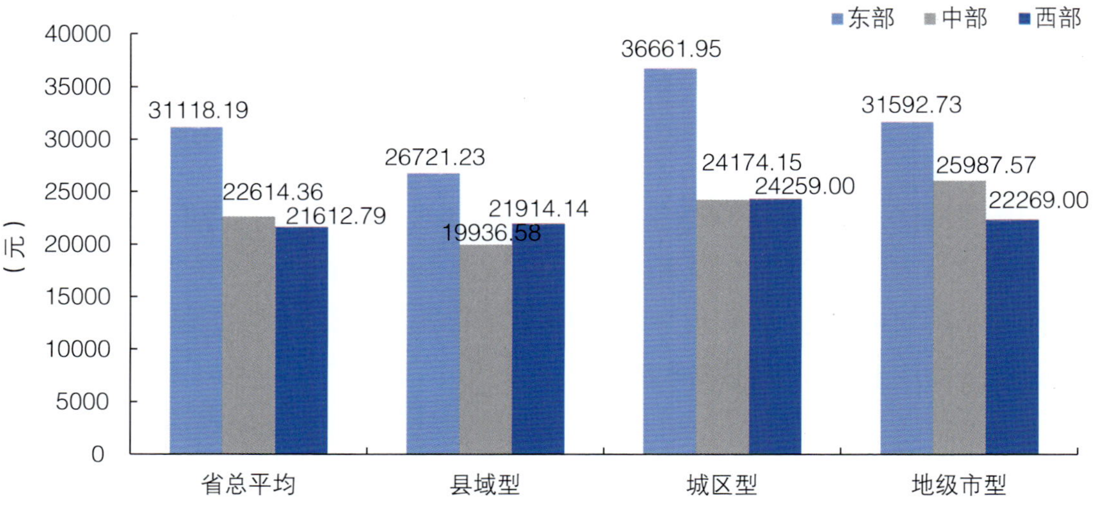

图 4–13　2013 年东、中、西部省及其实验区的城镇居民人均可支配收入

县域型和城区型实验区的城镇居民人均可支配收入均是东部最高、中部最低，县域型实验区东部分别是中部和西部的 1.34 倍和 1.22 倍，城区型实验区东部分别是中部和西部的 1.52 倍和 1.51 倍；地级市型实验呈东、中、西部梯次减少状况，东部分别是中部和西部的 1.22 倍和 1.42 倍。东、中、西部的县域型和地级市型实验区的城镇居民人均可支配收入之间的差距小于东、中、西部省之间的差距，城区型实验区间的差距大于省之间的差距。

2013 年东、中和西部省及其各类实验区的农村居民人均纯收入平均值如图 4–14 所示。东、中、西部各类实验区的农村居民人均纯收入平均值均高于东、中、西部省的平均值。东部县域型和地级市型实验区的农村居民人均纯收入平均值分别是省平均值的 1.03 倍和 1.14 倍，中部分别是 1.13 倍和 1.25 倍，西部县域型和地级市型分别是 1.48 倍和 1.29 倍。

各类实验区的农村居民人均纯收入均呈东、中、西部梯次减少的态势，县域型实验区东部分别是中部和西部的 1.33 倍和 1.32 倍，地级市型实验区东部分别是中部和西部的 1.34 倍和 1.69 倍。东、中、西部的县域型和地级市型实验区农村居民人均纯收入之间的差距小于东、中、西部省之间的差距。

东、中、西部各类实验区的城乡居民收入比的平均值均小于东、中、西部省的平均值，东部省城乡居民收入比的平均值分别是东部县域型、地级市型实验区平均值的 1.20 倍和 1.14 倍，中部分别是 1.26 倍和 1.10 倍，西部省分别是县域型和地级市型的 1.40 倍和 1.15 倍。

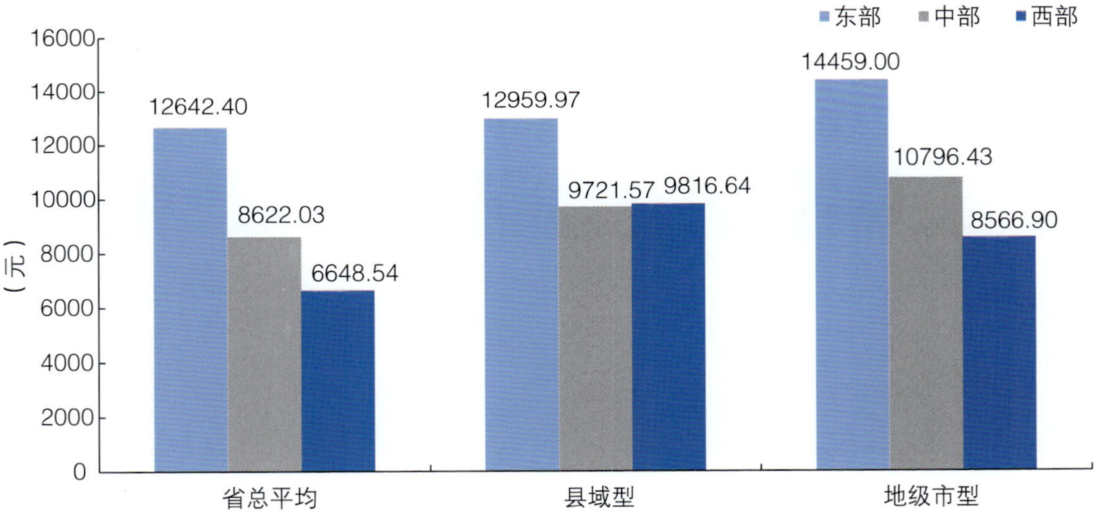

图 4-14　2013 年东、中、西部省及其实验区的农村居民纯收入

东部和中部的县域型实验区的城乡居民收入比相等，为 2.11，低于西部的 2.35；地级市型实验区的城乡居民收入比呈东、中、西部梯次上升的态势，分别为 2.24、2.40 和 2.87。

（二）各类实验区与所在省的比较

1. 城镇登记失业率

2013 年各省及其本省内各类实验区的城镇登记失业率的平均值如表 4–6 所示。

25 个建有县域型实验区的省中，19 个省的县域型实验区城镇登记失业率的平均值低于本省平均水平，上海、江西、广西、重庆、贵州和甘肃 6 个省的县域型实验区城镇登记失业率的平均值高于本省平均水平。

24 个建有城区型实验区的省中，14 个省的城区型实验区城镇登记失业率的平均值低于本省平均水平，其余省高于本省平均水平。

17 个建有地级市型实验区的省中，吉林、湖北、贵州和陕西的地级市型实验区城镇登记失业率的平均值高于本省平均水平，其余各个省均低于本省平均水平。

表 4–6　各类实验区的城镇登记失业率与所在省比较

序号	省（市）	全省（%）	县域型（%）	城区型（%）	地级市型（%）
1	北京	1.20		1.77	
2	天津	3.60		3.60	
3	河北	3.70	2.82		2.00
4	山西	3.10	2.10	2.18	1.65
5	内蒙古	3.70	2.00	3.95	2.74
6	辽宁	3.40	2.37	2.95	
7	吉林	3.70		/	3.90
8	黑龙江	4.40	2.50	3.95	4.08
9	上海	4.00	4.31	4.20	
10	江苏	3.00	2.21	2.32	2.13
11	浙江	3.00	2.60	2.30	2.89
12	安徽	3.40	2.78	3.25	3.16
13	福建	3.60	1.79	3.23	2.48

续表

序号	省（市）	全省（%）	县域型（%）	城区型（%）	地级市型（%）
14	江西	3.20	3.68	3.80	
15	山东	3.20	1.85	1.59	2.09
16	河南	3.10	2.91	3.10	3.00
17	湖北	3.50	3.20	3.89	3.62
18	湖南	4.20	3.97		
19	广东	2.40	2.35	2.93	
20	广西	3.30	3.51		
21	海南	2.20	1.70		
22	重庆	3.40	3.50	1.36	
23	四川	4.10	3.65	3.31	
24	贵州	3.30	3.44	3.12	3.79
25	云南	4.00	3.50	1.40	3.57
26	陕西	3.30	3.00	3.00	3.52
27	甘肃	2.30	2.99	3.27	
28	青海	3.30			2.77
29	宁夏	4.10		3.94	
30	新疆	3.40	3.09		1.00

2. 城镇居民人口比重

2013 年各省及其本省内各类实验区的城镇居民人口比重的平均值如表 4–7 所示。

25 个建有县域型实验区的省中，只有贵州、陕西、甘肃和新疆 4 个省的县域型实验区城镇居民人口比重的平均值高于本省平均水平，其余各个省的县域型实验区的居民人口比重平均值均低于本省平均水平。

24 个建有城区型实验区的省中，20 个省的城区型实验区的城镇居民人口比重的平均值高于本省平均水平，吉林、黑龙江、山东和宁夏 4 个省低于本省平均水平。

17 个建有地级市型实验区的省中，11 个省的地级市型实验区城镇居民人口比重的平均值高于本省平均水平，有 6 个省低于本省平均水平。

表 4-7 各类实验区的城镇居民人口比重与所在省比较

序号	省（市）	全省（%）	县域型（%）	城区型（%）	地级市型（%）
1	北京	86.29		89.53	
2	天津	82.00		99.03	
3	河北	48.11	29.63		51.40
4	山西	52.56	47.63	80.09	46.87
5	内蒙古	58.69	45.90	71.49	72.37
6	辽宁	66.45	31.43	77.84	
7	吉林	54.20		22.79	70.30
8	黑龙江	57.39	45.45	52.40	51.60
9	上海	89.61	15.95	100.00	
10	江苏	64.11	63.17	79.49	72.18
11	浙江	64.01	42.53	79.10	36.48
12	安徽	47.86	24.18	91.22	77.58
13	福建	60.76	52.80	100.00	50.90
14	江西	48.87	28.53	72.04	
15	山东	53.76	36.79	48.88	57.25
16	河南	43.80	36.97	43.60	54.81
17	湖北	54.51	39.33	71.46	54.82
18	湖南	47.96	43.99		
19	广东	67.76	34.09	87.69	
20	广西	44.82	13.30		
21	海南	52.74	42.94		
22	重庆	58.35	38.90	78.29	
23	四川	44.90	29.05	72.09	
24	贵州	37.84	46.35	73.51	31.67

续表

序号	省（市）	全省（%）	县域型（%）	城区型（%）	地级市型（%）
25	云南	40.47	38.20	67.50	33.90
26	陕西	51.30	54.00	84.80	52.79
27	甘肃	40.12	60.49	49.17	
28	青海	48.44			51.59
29	宁夏	51.99		38.23	
30	新疆	44.48	59.73		81.12

3. 城镇居民人均可支配收入

2013 年各省及其本省内各类实验区的城镇居民人均可支配收入平均值如表 4–8 所示。

25 个建有县域型实验区的省中，有 9 个省的县域型实验区的城镇居民人均可支配收入的平均值高于或等于本省平均水平，甘肃和江苏县域型实验区分别是本省平均值的 1.23 倍和 1.13 倍，广东的县域型实验区的城镇居民人均可支配收入的平均值不到本省平均水平的 50%。

24 个建有城区型实验区的省中，18 个省的城区型实验区城镇居民人均可支配收入的平均值高于本省平均水平，陕西、安徽和江苏城区型实验区城镇居民人均可支配收入的平均值分别是本省的 1.28 倍、1.25 倍和 1.26 倍，其余 6 个省只略低于本省平均水平。

17 个建有地级市型实验区的省中，13 个省的地级市型实验区城镇居民人均可支配收入的平均值高于本省平均水平，内蒙古和黑龙江的地级市型实验区城镇居民人均可支配收入的平均值均为本省的 1.42 倍，同时，也有 4 个省低于本省平均水平。

表 4-8　各类实验区的城镇居民人均可支配收入与所在省比较

序号	省（市）	全省（元）	县域型（元）	城区型（元）	地级市型（元）
1	北京	40321		38218.33	
2	天津	32293.6		32658	
3	河北	22580.3	20731		26985
4	山西	22455.6	22461.25	24374	22803
5	内蒙古	25496.7	18995	30315.5	36132
6	辽宁	25578.2	27590	27620.4	
7	吉林	22274.6		18079	25555
8	黑龙江	19597	19157	19320	27755
9	上海	43851.4	31842	43851	
10	江苏	32538	36822.44	41015.33	34753.67
11	浙江	37851	36625.8	38281.25	40454
12	安徽	23114.2	19306	28890	27154
13	福建	30816.4	24184	44084	26281
14	江西	21872.7	20178.4	21197	
15	山东	28264.1	28938.75	30405.86	29490
16	河南	22398	19990.14	23766	23185
17	湖北	22906.4	17095.71	27451.67	19329
18	湖南	23414	22309.17		
19	广东	33090	15690.33	33823.33	
20	广西	23305.4	21972		
21	海南	22928.9	22816		
22	重庆	25216.1	22644	27080	
23	四川	22367.6	21286	26571	
24	贵州	20667.1	21775.5	22466	19851
25	云南	23235.5	20253	25810	18563
26	陕西	22858.4	24246	29323	26820

续表

序号	省（市）	全省（元）	县域型（元）	城区型（元）	地级市型（元）
27	甘肃	18964.8	23320	17747	
28	青海	19498.5			20862
29	宁夏	21833.3		20816	
30	新疆	19873.8	19874.5		25249

4. 农村居民人均纯收入

2013 年各省及其本省内各类实验区的农村居民人均纯收入的平均值如表 3–9 所示。

25 个建有县域型实验区的省中，只有 5 个省的县域型实验区的农村居民人均纯收入低于本省平均水平，甘肃和新疆的县域型实验区农村居民人均纯收入的平均值分别是本省平均值的 2.25 倍和 1.97 倍，但上海的县域型实验区农村居民人均纯收入的平均值不到本地区平均水平的 70%。

17 个建有地级市型实验区的省中，14 个省的地级市型实验区农村居民人均纯收入的平均值高于本省平均水平，新疆和内蒙古的地级市型实验区农村居民人均纯收入的平均值分别为本省的 2.14 倍和 1.49 倍，另外 3 个省只略低于本省平均水平。

表 4–9　各类实验区的农村居民人均纯收入与所在省比较

序号	省（市）	全省（元）	县域型（元）	地级市型（元）
1	北京	18337.5		
2	天津	15841		
3	河北	9101.9	10305.5	11624
4	山西	7153.5	9049	9119
5	内蒙古	8595.7	7680	12800
6	辽宁	10522.7	14950	
7	吉林	9621.2		9516

续表

序号	省（市）	全省（元）	县域型（元）	地级市型（元）
8	黑龙江	9634.1	11922	11211
9	上海	19595	13421	
10	江苏	13597.8	19378.22	18503
11	浙江	16106	16994.6	19618
12	安徽	8097.9	9765.5	11186
13	福建	11184.2	12523.33	10578
14	江西	8781.5	7714	
15	山东	10619.9	14688.25	11972
16	河南	8475.3	10409.71	11958
17	湖北	8867	8374.857	9785
18	湖南	8372.1	12857.5	
19	广东	11669.3	10902.75	
20	广西	6790.9	7250	
21	海南	8342.6	9186	
22	重庆	8332	8999	
23	四川	7895.3	10194.5	
24	贵州	5434	8181.5	5645
25	云南	6141.3	8116	6066
26	陕西	6502.6	7325	8687
27	甘肃	5107.8	11504	
28	青海	6196.4		6841.5
29	宁夏	6931		
30	新疆	7296.5	14396.5	15595

5. 城乡居民收入比

2013 年各省（市）及其本省内各类实验区的城乡居民收入比的平均值如表 4-10 所示。

表 4-10　各类实验区的城乡居民收入比与所在省比较

序号	省（市）	全省（元）	县域型（元）	地级市型（元）
1	北京	2.20		
2	天津	2.04		
3	河北	2.48	2.01	2.32
4	山西	3.14	2.48	2.50
5	内蒙古	2.97	2.47	2.82
6	辽宁	2.43	1.85	
7	吉林	2.32		2.69
8	黑龙江	2.03	1.61	2.48
9	上海	2.24	2.37	
10	江苏	2.39	1.90	1.88
11	浙江	2.35	2.16	2.06
12	安徽	2.85	1.98	2.43
13	福建	2.76	1.93	2.48
14	江西	2.49	2.62	
15	山东	2.66	1.97	2.46
16	河南	2.64	1.92	1.94
17	湖北	2.58	2.04	1.98
18	湖南	2.80	1.74	
19	广东	2.84	1.44	
20	广西	3.43	3.03	
21	海南	2.75	2.48	
22	重庆	3.03	2.52	
23	四川	2.83	2.09	
24	贵州	5434	8181.5	5645
25	云南	6141.3	8116	6066
26	陕西	6502.6	7325	8687

续表

序号	省（市）	全省（元）	县域型（元）	地级市型（元）
27	甘肃	5107.8	11504	
28	青海	6196.4		6841.5
29	宁夏	6931		
30	新疆	7296.5	14396.5	15595

25 个建有县域型实验区的省（市）中，只有上海和江西的县域型实验区的城乡居民收入比略高于本省平均水平，分别是本省平均水平的 1.06 倍和 1.05 倍，其他省（市）均低于本省平均水平。

17 个建有地级市型实验区的省中，只有吉林和黑龙江的地级市型实验区的城乡居民收入比的平均值高于本省平均水平，分别为 1.16 倍和 1.22 倍，其他省均低于本省平均水平。

从以上分析可看出，在城镇登记失业率上，有 76% 的县域型实验区、58.33% 的城区型实验区和 76.47% 的地级市型实验区的城镇登记失业率低于本省平均水平；在城镇居民人口比重上，16% 的县域型实验区、83.33% 的城区型实验区和 64.71% 的地级市型实验区高于本省平均水平；在城镇居民人均可支配收入上，36% 的县域型实验区、75% 的城区型实验区和 76.47% 的地级市型实验区高于本省平均水平；在农村居民人均纯收入上，80% 的县域型实验区和 82.35% 的地级市型实验区高于本省平均水平；在城乡居民收入比上，92% 的县域型实验区和 88.24% 的地级市型实验区低于本省平均水平。

五、小结

与全国相比较，实验区的科技投入规模和强度相对较低，但科技产出水平相对较高，且经济与社会发展状况较好。2013 年全国人均地方财政科学技术支出为 199.5 元，县域型、城区型和地级市型实验区分别为 127.11 元、152.13 元和 142.66 元。在万人专利授权数方面，2013 年全国是 9.03 件，县域型、城区型和地级市型实验区分别是 10.28 件、34.49 件和 12.04 件。2013 年全国人均 GDP 为 41907.59 元，县域型、城区型和地级市型实验区分别是 56343.88 元、87189.11 元和 88749.99 元。在城镇登记失业率方面，2013 年全国为 4%，县域型、城区型和地级市型实验区分别是 2.83%、2.7% 和 2.7%。

与所在省相比较，科技投入方面，各类实验区的人均地方财政科学技术支出均低于本省平均水平；科技产出方面，城区型实验区的万人专利授权数明显高于本省平均水平，地级市型与本省平均水平基本一致，县域型略低于本省平均水平；经济与社会发展方面，各类实验区的人均 GDP 均高于本省平均水平，城镇登记失业率均低于本省平均水平。

国家可持续发展
实验区创新能力评价报告 2014

各类型国家

第五章

可持续发展实验区创新能力评价

本章分别从总体创新能力、科技创新能力和可持续发展能力等三个方面对 76 个县域型实验区、50 个城区型实验区和 22 个地级市型实验区 2013 年的创新能力各级指标进行评价和分析。

一、县域型实验区创新能力评价

（一）总体创新能力

县域型国家可持续发展实验区 2013 年总体创新能力排序情况如表 5–1 所示。排名前 10 名的分别是江苏省昆山市、江苏省太仓市、江苏张家港市、江苏省江阴市、山东省龙口市、江苏省宜兴市、江苏省海门市、浙江省宁海县、浙江省桐乡市和江苏省常熟市。这些地区均位于我国经济比较发达的东部地区。总体排名后 10 名的依序是广西省恭城县、广东省云安县、河南省宝丰县、陕西省华阴市、山东省沂源县、湖北省神农架市、甘肃省敦煌市、黑龙江省海林市、河北省武安市和云南省陆良县。这些实验区主要位于我国的中西部地区以及东部地区中的欠发达地区，他们的科技创新水平与可持续发展水平均比较低。

表 5–1　县域型国家可持续发展实验区总体创新能力综合排序

实验区名称	总体		科技创新		可持续发展		实验区名称	总体		科技创新		可持续发展	
	排名	总分	排名	得分	排名	得分		排名	总分	排名	得分	排名	得分
江苏省昆山市	1	68.18	1	39.76	24	28.42	新疆库尔勒市	39	33.07	44	5.89	31	27.18
江苏省太仓市	2	65.59	2	31.08	4	34.50	河北省迁安市	40	33.00	73	3.11	14	29.88
江苏张家港市	3	63.81	3	29.00	3	34.82	湖南省永兴县	41	32.98	33	8.26	51	24.72
江苏省江阴市	4	54.64	5	19.34	2	35.29	河南省嵩县	42	32.94	29	8.78	55	24.17
山东省龙口市	5	51.58	8	17.48	5	34.10	湖北省宜城市	43	32.49	48	5.56	35	26.92
江苏省宜兴市	6	50.42	6	18.01	7	32.40	安徽省毛集县	44	31.64	52	5.41	41	26.23
江苏省海门市	7	48.67	7	17.84	11	30.82	新疆阜康市	45	31.53	66	4.00	29	27.53
浙江省宁海县	8	46.92	19	11.41	1	35.51	贵州省都匀市	46	31.10	23	9.84	67	21.26

续表

实验区名称	总体		科技创新		可持续发展		实验区名称	总体		科技创新		可持续发展	
	排名	总分	排名	得分	排名	得分		排名	总分	排名	得分	排名	得分
浙江省桐乡市	9	46.89	11	14.67	8	32.22	辽宁大石桥市	47	30.93	30	8.56	62	22.38
江苏省常熟市	10	46.85	4	22.48	54	24.37	江西省婺源县	48	30.75	42	5.91	50	24.84
浙江省温岭市	11	44.57	15	13.45	10	31.13	广东省丰顺县	49	30.74	54	5.35	46	25.38
浙江省安吉县	12	44.48	12	14.60	13	29.89	浙江省遂昌县	50	30.67	45	5.80	48	24.86
江苏省大丰市	13	43.86	10	14.73	17	29.13	河南省清丰县	51	30.39	69	3.51	36	26.88
海南省澄迈县	14	43.30	9	15.31	27	27.98	湖南省湘乡市	52	30.20	47	5.67	52	24.53
湖南省韶山市	15	41.77	16	12.88	20	28.89	山西省右玉县	53	29.87	72	3.28	37	26.59
上海市崇明县	16	41.71	14	13.76	28	27.95	山西省孟县	54	29.86	68	3.62	40	26.24
江苏省东海县	17	41.41	18	12.58	21	28.83	河北省正定县	55	29.76	41	6.09	59	23.67
山东省长岛县	18	40.87	34	8.18	6	32.69	湖南省邵东县	56	29.65	46	5.80	57	23.85
福建省东山县	19	39.80	17	12.81	34	26.99	内蒙古 克什克腾旗	57	29.36	70	3.34	43	26.02
河南省孟州市	20	39.72	13	14.06	45	25.66	山西省泽州县	58	28.86	61	5.08	58	23.77
湖北省仙桃市	21	39.44	20	10.34	18	29.10	江西省泰和县	59	28.85	62	4.79	56	24.05
湖南省资兴市	22	39.21	21	10.26	19	28.96	贵州省清镇县	60	28.68	57	5.17	60	23.51
福建省惠安县	23	37.45	50	5.48	9	31.97	山西省怀仁县	61	28.47	35	7.75	68	20.73
江西省贵溪市	24	37.18	25	9.66	30	27.52	四川省丹棱县	62	27.90	31	8.54	72	19.36
河南省鄢陵县	25	36.69	39	6.41	12	30.28	广东省蕉岭县	63	27.26	76	1.42	44	25.84
湖北省谷城县	26	36.20	37	7.03	16	29.16	江西省崇义县	64	27.22	59	5.10	63	22.11
山东省沂水县	27	36.18	24	9.75	39	26.43	湖北省英山县	65	26.93	49	5.52	65	21.41
湖南省华容县	28	36.10	36	7.66	23	28.43	河北省平泉县	66	26.72	71	3.32	61	23.40
黑龙江肇东市	29	36.07	22	9.97	42	26.11	云南省陆良县	67	26.64	56	5.19	64	21.45
江西井冈山市	30	35.02	32	8.47	38	26.55	河北省武安市	68	26.62	55	5.22	66	21.40
广东省南雄市	31	34.84	58	5.13	15	29.71	黑龙江海林市	69	26.37	75	2.01	54	24.36

续表

实验区名称	总体		科技创新		可持续发展		实验区名称	总体		科技创新		可持续发展	
	排名	总分	排名	得分	排名	得分		排名	总分	排名	得分	排名	得分
安徽省歙县	32	34.47	26	9.62	49	24.85	甘肃省敦煌市	70	25.38	51	5.45	70	19.93
四川省广汉市	33	34.20	28	9.33	47	24.87	湖北神农架市	71	25.30	63	4.70	69	20.60
河南省林州市	34	34.09	44	5.84	25	28.25	山东省沂源县	72	24.65	27	9.33	74	15.32
福建省漳平市	35	33.76	59	5.10	22	28.66	陕西省华阴市	73	22.20	74	2.28	71	19.92
湖北省钟祥市	36	33.67	38	6.64	33	27.03	河南省宝丰县	74	21.07	65	4.23	73	16.84
湖北省长阳县	37	33.47	53	5.37	26	28.10	广东省云安县	75	17.64	67	3.89	75	13.74
重庆市梁平县	38	33.31	40	6.25	32	27.06	广西省恭城县	76	16.20	64	4.25	76	11.95

（二）科技创新能力

县域型实验区 2013 年科技创新总得分和排名以及在科技投入、科技产出两方面的得分及排名情况如表 5–2 所示。科技创新得分前 10 名的分别是：江苏省昆山市、江苏省太仓市、江苏省张家港市、江苏省常熟市、江苏省江阴市、江苏省宜兴市、江苏省海门市、山东省龙口市、海南省澄迈县和江苏省大丰市。前 10 名中江苏占其八，江苏昆山市在科技投入、科技产出上都位列第一，江苏县域型实验区的科技创新能力处于全国领先位置。县域型实验区中科技创新比较弱的是：广东省蕉岭县、黑龙江省海林市、陕西省华阴市、河北省迁安市、山西省右玉县、河北省平泉县、内蒙古克什克腾旗和河南省清丰县。这些地区绝大多数位于我国的中西部。排名倒数第二的黑龙江省海林市，科技创新方面未填报数据的指标较多，直接影响其得分；位列倒数第三的陕西省华阴市，本级科学支出占比在县域型实验区中最低，且总量出现负增长，导致其得分也比较低。

表 5-2　县域型国家可持续发展实验区科技创新得分和排名

实验区名称	总体		科技投入		科技产出		实验区名称	总体		科技投入		科技产出	
	排名	总分	排名	得分	排名	得分		排名	总分	排名	得分	排名	得分
江苏省昆山市	1	39.76	1	20.74	1	19.02	河南省鄢陵县	39	6.41	43	3.66	44	2.75
江苏省太仓市	2	31.08	2	14.31	2	16.77	重庆市梁平县	40	6.25	45	3.63	45	2.62
江苏张家港市	3	29.00	3	13.97	3	15.03	河北省正定县	41	6.09	53	3.28	42	2.81
江苏省常熟市	4	22.48	7	9.17	4	13.31	江西省婺源县	42	5.91	58	2.90	37	3.01
江苏省江阴市	5	19.34	11	7.83	5	11.52	新疆库尔勒市	43	5.89	26	4.49	64	1.40
江苏省宜兴市	6	18.01	15	7.16	6	10.85	河南省林州市	44	5.84	33	4.05	56	1.79
江苏省海门市	7	17.84	4	12.02	19	5.83	浙江省遂昌县	45	5.80	47	3.52	51	2.28
山东省龙口市	8	17.48	5	11.42	15	6.06	湖南省邵东县	46	5.80	65	2.38	32	3.42
海南省澄迈县	9	15.31	12	7.71	9	7.60	湖南省湘乡市	47	5.67	63	2.70	40	2.96
江苏省大丰市	10	14.73	8	8.89	19	5.83	湖北省宜城市	48	5.56	43	3.66	54	1.91
浙江省桐乡市	11	14.67	9	8.84	19	5.83	湖北省英山县	49	5.52	42	3.68	55	1.83
浙江省安吉县	12	14.60	18	6.35	8	8.25	福建省惠安县	50	5.48	54	3.19	50	2.29
河南省孟州市	13	14.06	23	5.62	7	8.44	甘肃省敦煌市	51	5.45	59	2.88	46	2.57
上海市崇明县	14	13.76	19	6.28	10	7.48	安徽省毛集县	52	5.41	27	4.47	70	0.94
浙江省温岭市	15	13.45	14	7.18	14	6.27	湖北省长阳县	53	5.37	57	3.10	52	2.26
湖南省韶山市	16	12.88	10	8.04	27	4.83	广东省丰顺县	54	5.35	36	3.81	62	1.55
福建省东山县	17	12.81	6	9.50	35	3.30	河北省武安市	55	5.22	62	2.72	48	2.50
江苏省东海县	18	12.58	16	7.03	22	5.54	云南省陆良县	56	5.19	25	4.54	72	0.65
浙江省宁海县	19	11.41	24	5.51	18	5.91	贵州省清镇县	57	5.17	37	3.80	65	1.37
湖北省仙桃市	20	10.34	29	4.42	17	5.91	广东省南雄市	58	5.13	49	3.43	58	1.70
湖南省资兴市	21	10.26	30	4.25	16	6.00	江西省崇义县	59	5.10	37	3.80	67	1.30
黑龙江省肇东市	22	9.97	60	2.79	11	7.18	福建省漳平市	59	5.10	51	3.39	58	1.70
贵州省都匀市	23	9.84	28	4.44	24	5.40	山西省泽州县	60	5.08	50	3.40	60	1.68
山东省沂水县	24	9.75	21	5.80	30	3.94	江西省泰和县	61	4.79	69	1.82	39	2.98
江西省贵溪市	25	9.66	20	6.17	31	3.49	湖北神农架市	62	4.70	73	1.28	34	3.41

续表

实验区名称	总体		科技投入		科技产出		实验区名称	总体		科技投入		科技产出	
	排名	总分	排名	得分	排名	得分		排名	总分	排名	得分	排名	得分
安徽省歙县	26	9.62	17	6.41	36	3.21	广西省恭城县	63	4.25	61	2.75	63	1.50
山东省沂源县	27	9.33	67	2.18	12	7.15	河南省宝丰县	64	4.23	70	1.73	47	2.50
四川省广汉市	28	9.33	64	2.67	13	6.66	新疆阜康市	65	4.00	39	3.78	73	0.23
河南省嵩县	29	8.78	52	3.31	23	5.47	广东省云安县	66	3.89	40	3.70	75	0.19
辽宁大石桥市	30	8.56	46	3.58	25	4.97	山西省盂县	67	3.62	68	1.95	61	1.67
四川省丹棱县	31	8.54	41	3.69	26	4.86	河南省清丰县	68	3.51	66	2.20	66	1.32
江西省井冈山市	32	8.47	13	7.45	68	1.02	内蒙古克什克腾旗	69	3.34	55	3.14	74	0.20
湖南省永兴县	33	8.26	32	4.16	29	4.10	河北省平泉县	70	3.32	71	1.53	56	1.79
山东省长岛县	34	8.18	21	5.80	49	2.38	山西省右玉县	71	3.28	56	3.12	76	0.16
山西省怀仁县	35	7.75	47	3.52	28	4.22	河北省迁安市	72	3.11	75	0.16	41	2.95
湖南省华容县	36	7.66	30	4.25	32	3.42	陕西省华阴市	73	2.28	72	1.43	71	0.86
湖北省谷城县	37	7.03	33	4.05	38	2.99	黑龙江省海林市	74	2.01	76	0.00	53	2.01
湖北省钟祥市	38	6.64	35	3.86	43	2.78	广东省蕉岭县	75	1.42	74	0.41	69	1.02

（三）可持续发展能力

县域型实验区 2013 年可持续发展总得分和排名以及在经济发展、社会和谐和环境友好三方面的得分及排名情况如表 5–3 所示。可持续发展总得分前 10 名的分别是：浙江省宁海县、江苏省江阴市、江苏张家港市、江苏省太仓市、山东省龙口市、山东省长岛县、江苏省宜兴市、浙江省桐乡市、福建省惠安县、浙江省温岭市。前 10 名均位于东南沿海，江浙两省占其七，江浙地区的县域型实验区的可持续发展处于全国领先位置。县域型实验区中可持续发展水平相对较低的是：广西省恭城县、广东省云安县、山东省沂源县、河南省宝丰县、四川省丹棱县、陕西省华阴市、甘肃省敦煌市、湖北省神农架市、山西省怀仁县和贵州省都匀市。

表 5-3　县域型国家可持续发展实验区 2013 年可持续发展得分和排名

实验区名称	总体		经济发展		社会和谐		环境友好	
	排名	总分	排名	总分	排名	总分	排名	总分
浙江省宁海县	1	35.51	3	8.52	8	14.09	15	12.90
江苏省江阴市	2	35.29	5	8.00	3	15.13	44	12.16
江苏张家港市	3	34.82	6	7.53	2	15.40	50	11.88
江苏省太仓市	4	34.50	9	6.89	4	15.11	30	12.51
山东省龙口市	5	34.10	7	7.14	6	14.38	26	12.58
山东省长岛县	6	32.69	10	6.83	12	12.99	16	12.88
江苏省宜兴市	7	32.40	18	5.99	7	14.12	40	12.30
浙江省桐乡市	8	32.22	19	5.92	11	13.43	17	12.86
福建省惠安县	9	31.97	14	6.41	15	12.27	3	13.29
浙江省温岭市	10	31.13	24	5.23	9	13.52	37	12.37
江苏省海门市	11	30.82	26	5.15	10	13.45	42	12.22
河南省鄢陵县	12	30.28	11	6.63	34	10.49	6	13.15
浙江省安吉县	13	29.89	32	4.77	16	12.25	17	12.86
河北省迁安市	14	29.88	12	6.58	18	11.98	55	11.33
广东省南雄市	15	29.71	51	3.78	13	12.94	13	12.99
湖北省谷城县	16	29.16	8	6.92	38	10.22	48	12.02
江苏省大丰市	17	29.13	16	6.12	14	12.86	61	10.15
湖北省仙桃市	18	29.10	41	4.25	17	12.22	25	12.64
湖南省资兴市	19	28.96	34	4.64	22	11.56	21	12.77
湖南省韶山市	20	28.89	28	4.95	23	11.55	36	12.39
江苏省东海县	21	28.83	42	4.16	19	11.95	23	12.73
福建省漳平市	22	28.66	38	4.42	25	11.18	8	13.07
湖南省华容县	23	28.43	64	3.24	29	10.78	1	14.41
江苏省昆山市	24	28.42	1	9.18	1	15.98	76	3.27
河南省林州市	25	28.25	22	5.58	28	11.02	51	11.65
湖北省长阳县	26	28.10	2	8.61	71	6.99	31	12.50
海南省澄迈县	27	27.98	36	4.62	35	10.37	12	13.00
上海市崇明县	28	27.95	13	6.52	58	8.40	11	13.03
新疆阜康市	29	27.53	4	8.01	33	10.49	64	9.02

续表

实验区名称	总体		经济发展		社会和谐		环境友好	
	排名	总分	排名	总分	排名	总分	排名	总分
江西省贵溪市	30	27.52	33	4.66	39	10.09	21	12.77
新疆库尔勒市	31	27.18	30	4.92	20	11.81	60	10.45
重庆市梁平县	32	27.06	28	4.95	52	9.05	9	13.06
湖北省钟祥市	33	27.03	47	4.03	32	10.54	34	12.46
福建省东山县	34	26.99	43	4.10	37	10.36	29	12.53
湖北省宜城市	35	26.92	27	5.09	35	10.37	54	11.46
河南省清丰县	36	26.88	40	4.25	43	9.93	24	12.70
山西省右玉县	37	26.59	25	5.19	52	9.05	39	12.34
江西省井冈山市	38	26.55	17	6.00	66	7.41	7	13.14
山东省沂水县	39	26.43	47	4.02	42	10.01	35	12.40
山西省盂县	40	26.24	39	4.40	57	8.43	2	13.40
安徽省毛集县	41	26.23	60	3.37	31	10.57	41	12.28
黑龙江省肇东市	42	26.11	37	4.50	40	10.08	52	11.53
内蒙古 克什克腾旗	43	26.02	52	3.73	51	9.12	5	13.17
广东省蕉岭县	44	25.84	71	2.78	24	11.54	53	11.52
河南省孟州市	45	25.66	53	3.68	44	9.78	43	12.20
广东省丰顺县	46	25.38	72	2.71	30	10.72	49	11.95
四川省广汉市	47	24.87	48	3.90	56	8.48	32	12.49
浙江省遂昌县	48	24.86	35	4.63	67	7.38	19	12.85
安徽省歙县	49	24.85	54	3.63	60	8.26	14	12.95
江西省婺源县	50	24.84	61	3.36	61	8.23	4	13.26
湖南省永兴县	51	24.72	45	4.04	63	7.89	20	12.78
湖南省湘乡市	52	24.53	49	3.84	48	9.45	57	11.24
江苏省常熟市	53	24.37	15	6.35	5	14.61	75	3.41
黑龙江省海林市	54	24.36	44	4.09	62	8.14	46	12.13
河南省嵩县	55	24.17	68	2.98	54	8.71	33	12.48
江西省泰和县	56	24.05	66	3.13	64	7.87	10	13.05
湖南省邵东县	57	23.85	67	3.00	45	9.72	58	11.12
山西省泽州县	58	23.77	73	2.54	26	11.15	62	10.08

续表

实验区名称	总体		经济发展		社会和谐		环境友好	
	排名	总分	排名	总分	排名	总分	排名	总分
河北省正定县	59	23.67	54	3.63	50	9.16	59	10.88
贵州省清镇县	60	23.51	21	5.66	47	9.69	67	8.16
河北省平泉县	61	23.40	50	3.79	69	7.24	37	12.37
辽宁大石桥市	62	22.38	62	3.33	21	11.67	68	7.38
江西省崇义县	63	22.11	57	3.53	73	6.43	45	12.15
云南省陆良县	64	21.45	75	0.83	49	9.33	56	11.29
湖北省英山县	65	21.41	74	1.60	68	7.24	28	12.57
河北省武安市	66	21.40	63	3.25	59	8.27	63	9.88
贵州省都匀市	67	21.26	20	5.83	71	6.95	65	8.48
山西省怀仁县	68	20.73	31	4.82	27	11.10	71	4.80
湖北神农架市	69	20.60	56	3.57	75	4.46	26	12.58
甘肃省敦煌市	70	19.93	22	5.58	46	9.71	72	4.64
陕西省华阴市	71	19.92	65	3.14	55	8.57	66	8.21
四川省丹棱县	72	19.36	58	3.49	76	3.78	47	12.09
河南省宝丰县	73	16.84	68	2.98	41	10.06	74	3.80
山东省沂源县	74	15.32	59	3.45	65	7.71	73	4.16
广东省云安县	75	13.74	71	2.75	74	5.67	69	5.32
广西省恭城县	76	11.95	76	0.16	72	6.79	70	5.00

二、城区型实验区创新能力评价

（一）总体创新能力

城区型国家可持续发展实验区2013年创新能力总得分及排序情况如表5–4所示。综合排名前八名的分别是：上海市徐汇区、南京市江宁区、广州市天河区、青岛市黄岛区、青岛市城阳区、沈阳市铁西区、苏州市吴江区和佛山市禅城区。这些实验区多数位于东部地区及沿海地区，其科技创新在所有城区型实验区中均排在前10名之内，说明高水平城区型实验区十分重视科技创新，积极实施创新驱动发展战略。总分排名后五名的依序分别是：枣庄市山亭区、长春市九台区、太原市迎泽区、朔州市朔城区和中卫市城区。这些实验区的共性特点是可持续发展水平较低，均处在后 5 名。

表 5-4　城区型国家可持续发展实验区创新能力综合排序

实验区名称	总体		科技创新		可持续发展		实验区名称	总体		科技创新		可持续发展	
	排名	总分	排名	得分	排名	得分		排名	总分	排名	得分	排名	得分
上海市徐汇区	1	60.82	1	26.63	4	34.20	重庆市北碚区	26	38.70	25	9.56	24	29.14
南京市江宁区	2	58.07	3	25.39	12	32.68	濮阳市华龙区	27	38.15	30	8.07	20	30.08
广州市天河区	3	55.69	4	22.77	8	32.92	曲靖市麒麟区	28	37.98	38	7.17	17	30.81
青岛市黄岛区	4	55.08	2	25.47	22	29.62	赣州市章贡区	29	37.65	36	7.31	19	30.34
青岛市城阳区	5	53.61	6	16.41	1	37.20	宝鸡市渭滨区	30	35.68	31	8.01	29	27.67
沈阳市铁西区	6	50.09	5	22.66	30	27.43	德州市德城区	31	35.12	32	8.00	32	27.12
苏州市吴江区	7	49.13	8	15.57	7	33.56	牡丹江阳明区	32	34.96	34	7.79	31	27.17
佛山市禅城区	8	47.57	15	12.60	3	34.97	江门市新会区	33	34.29	22	10.76	39	23.53
南京市鼓楼区	9	46.97	7	16.17	18	30.79	本溪市南芬区	34	34.13	44	6.00	28	28.14
武汉市汉阳区	10	46.74	12	13.88	9	32.87	呼和浩特赛罕区	35	33.17	40	6.44	34	26.72
北京市石景山区	11	46.23	9	14.93	13	31.30	乐山市五通桥区	36	33.12	27	9.41	38	23.72
杭州市上城区	12	46.22	17	12.33	5	33.89	成都市金牛区	37	32.49	23	10.12	41	22.37
杭州市下城区	13	45.66	10	14.66	15	31.00	潍坊市峡山区	38	31.56	49	4.67	33	26.90
厦门市思明区	14	45.13	12	13.88	14	31.25	赤峰市元宝山区	39	31.24	48	4.68	35	26.57
天津市东丽区	15	43.92	11	14.36	23	29.56	遵义红花岗区	40	30.24	46	5.25	37	24.99
合肥市包河区	16	43.26	16	12.39	16	30.87	天水市秦州区	41	29.82	24	9.99	44	19.83
北京市怀柔区	17	43.15	28	9.26	6	33.88	宜昌市点军区	42	29.21	43	6.07	40	23.14
北京市西城区	18	42.50	35	7.35	2	35.15	贵阳市白云区	43	28.64	29	8.87	45	19.76
沈阳市和平区	19	42.29	26	9.42	9	32.87	烟台市牟平区	44	28.20	41	6.43	42	21.77
沈阳市沈河区	20	41.05	20	11.14	21	29.91	中卫市城区	45	25.49	45	5.42	43	20.07

续表

实验区名称	总体		科技创新		可持续发展		实验区名称	总体		科技创新		可持续发展	
	排名	总分	排名	得分	排名	得分		排名	总分	排名	得分	排名	得分
沈阳沈北新区	21	40.72	18	12.19	27	28.53	朔州市朔城区	46	25.21	39	7.02	47	18.19
武汉市江岸区	21	40.72	33	7.97	11	32.74	太原市迎泽区	47	24.54	37	7.30	48	17.24
重庆市渝北区	23	40.68	19	11.84	25	28.84	长春市九台区	48	24.40	47	4.77	46	19.62
湖州市南浔区	24	39.65	21	11.11	26	28.54	枣庄市山亭区	49	22.98	42	6.39	49	16.60
嘉兴市南湖区	25	38.85	14	12.98	36	25.87							

北京市西城区的综合排名明显偏后，这主要是由于西城区在科技创新方面未填报的数据较多，这些指标只能按最低分处理，导致其排名比实际情况明显偏后。

（二）科技创新能力

50 个城区型实验区 2013 年科技创新总得分和排名以及在科技投入、科技产出两方面的得分及排名情况如表 5–5 所示。科技创新总体排名前 8 位的分别是，上海市徐汇区、青岛市黄岛区、南京市江宁区、广州市天河区、沈阳市铁西区、北京市石景山区、南京市鼓楼区、青岛市城阳区。它们多数来自一、二线城市或省会城市，科技创新的各项指标得分均比较高。总分位居第一的上海市徐汇区，科技投入位居第二，其中的本级科学技术支出排名第一；科技产出排名第五位。科技创新得分和排名后五位的分别是，赤峰市元宝山区、宜昌市点军区、潍坊市峡山区、烟台市牟平区、长春市九台区。这五个地区在科技投入和科技产出各项指标上的得分均排名靠后，科技创新水平亟待提高。

表 5–5　城区型国家可持续发展实验区 2013 年科技创新得分和排名

实验区名称	总体		科技投入		科技产出		实验区名称	总体		科技投入		科技产出	
	排名	总分	排名	得分	排名	得分		排名	总分	排名	得分	排名	得分
上海市徐汇区	1	25.36	2	16.73	5	8.62	贵阳市白云区	26	7.67	22	4.52	34	3.15
青岛市黄岛区	2	23.52	1	17.38	12	6.14	濮阳市华龙区	27	7.63	42	2.63	20	4.99

续表

实验区名称	总体		科技投入		科技产出		实验区名称	总体		科技投入		科技产出	
	排名	总分	排名	得分	排名	得分		排名	总分	排名	得分	排名	得分
南京市江宁区	3	22.79	3	15.86	8	6.92	武汉市江岸区	28	7.39	20	5.13	40	2.26
广州市天河区	4	22.55	5	13.30	3	9.26	北京市西城区	29	7.35	16	6.22	47	1.13
沈阳市铁西区	5	20.57	4	15.28	16	5.29	重庆市北碚区	30	7.14	38	2.75	22	4.40
北京市石景山区	6	19.93	15	6.79	1	13.14	德州市德城区	31	6.88	34	3.08	27	3.80
南京市鼓楼区	7	19.52	6	9.04	2	10.49	牡丹江阳明区	32	6.81	29	3.88	36	2.93
青岛市城阳区	8	14.52	8	8.24	11	6.28	乐山市五通桥区	33	6.68	33	3.11	31	3.57
天津市东丽区	9	13.61	7	8.39	17	5.22	天水市秦州区	34	6.63	39	2.70	26	3.93
苏州市吴江区	10	13.59	12	6.93	9	6.66	曲靖市麒麟区	35	6.61	49	1.09	15	5.52
武汉市汉阳区	11	13.47	23	4.50	4	8.97	宝鸡市渭滨区	36	6.44	45	2.12	23	4.32
厦门市思明区	12	12.43	14	6.82	14	5.61	太原市迎泽区	37	6.19	36	2.90	33	3.29
杭州市下城区	13	12.40	19	5.44	7	6.96	枣庄市山亭区	38	6.05	40	2.68	32	3.37
杭州市上城区	14	12.16	9	8.01	24	4.15	呼和浩特赛罕区	39	5.98	26	4.24	45	1.74
嘉兴市南湖区	15	11.84	10	7.80	25	4.04	朔州市朔城区	40	5.73	32	3.45	39	2.29
佛山市禅城区	16	10.67	13	6.90	28	3.77	本溪市南芬区	41	5.69	28	3.89	43	1.81
沈阳沈北新区	17	10.65	18	5.58	18	5.07	赣州市章贡区	42	5.69	31	3.46	41	2.24
沈阳市沈河区	18	10.56	27	4.02	10	6.54	中卫市城区	43	5.16	46	2.07	35	3.10
江门市新会区	19	9.66	11	7.51	42	2.14	遵义红花岗区	44	5.08	25	4.42	49	0.66
重庆市渝北区	20	9.52	24	4.45	18	5.07	长春市九台区	45	4.72	44	2.31	38	2.42
湖州市南浔区	21	9.50	17	5.83	29	3.66	烟台市牟平区	46	4.70	36	2.90	44	1.80
沈阳市和平区	22	9.42	48	1.67	6	7.75	潍坊市峡山区	47	4.67	47	1.90	37	2.77
合肥市包河区	23	8.79	35	2.96	13	5.83	宜昌市点军区	48	4.23	43	2.56	46	1.67
成都市金牛区	24	8.70	21	5.11	30	3.59	赤峰市元宝山区	49	3.72	42	2.60	48	1.11
北京市怀柔区	25	8.51	30	3.77	21	4.74							

（三）可持续发展能力

50 个城区型实验区 2013 年可持续发展总得分和排名以及在经济发展、社会和谐和环境友好等三方面的得分及排名情况如表 5–6 所示。可持续发展得分前八位的城区型实验区分别是：青岛市城阳区、北京市西城区、佛山市禅城区、上海市徐汇区、杭州市上城区、北京市怀柔区、苏州市吴江区、广州市天河区。可持续发展水平比较低的 5 个城区型实验区分别是：枣庄市山亭区、太原市迎泽区、朔州市朔城区、长春市九台区、贵阳市白云区。

表 5–6　城区型国家可持续发展实验区 2013 年可持续发展得分和排名

实验区名称	总体		经济发展		社会和谐		环境友好	
	排名	总分	排名	总分	排名	总分	排名	总分
青岛市城阳区	1	37.20	11	7.97	3	19.01	19	10.22
北京市西城区	2	35.15	18	6.68	1	20.86	36	7.61
佛山市禅城区	3	34.97	15	6.98	6	18.19	22	9.80
上海市徐汇区	4	34.20	27	5.81	9	17.04	7	11.35
杭州市上城区	5	33.89	1	9.48	13	16.23	29	8.17
北京市怀柔区	6	33.88	9	8.06	17	15.21	14	10.61
苏州市吴江区	7	33.56	23	6.19	10	16.72	13	10.65
广州市天河区	8	32.92	16	6.84	11	16.54	25	9.53
沈阳市和平区	9	32.87	37	4.40	7	17.46	8	11.00
武汉市汉阳区	9	32.87	4	8.40	20	14.87	24	9.60
武汉市江岸区	11	32.74	2	9.19	15	15.54	31	8.02
南京市江宁区	12	32.68	19	6.47	16	15.52	11	10.69
北京市石景山区	13	31.30	28	5.61	5	18.39	37	7.29
厦门市思明区	14	31.25	10	8.05	4	18.64	45	4.57
杭州市下城区	15	31.00	12	7.68	2	19.45	47	3.87
合肥市包河区	16	30.87	24	6.11	18	14.96	21	9.80
曲靖市麒麟区	17	30.81	32	4.73	22	14.49	5	11.58
南京市鼓楼区	18	30.79	30	5.38	8	17.39	32	8.02
赣州市章贡区	19	30.34	22	6.22	35	12.30	2	11.83
濮阳市华龙区	20	30.08	7	8.20	37	11.79	20	10.10

续表

实验区名称	总体		经济发展		社会和谐		环境友好	
	排名	总分	排名	总分	排名	总分	排名	总分
沈阳市沈河区	21	29.91	25	5.92	12	16.27	34	7.72
青岛市黄岛区	22	29.62	5	8.36	34	12.40	28	8.86
天津市东丽区	23	29.56	16	6.84	14	16.16	40	6.57
重庆市北碚区	24	29.14	39	3.84	24	14.32	9	10.98
重庆市渝北区	25	28.84	21	6.35	27	13.62	27	8.88
湖州市南浔区	26	28.54	8	8.16	29	13.48	39	6.90
沈阳沈北新区	27	28.53	26	5.85	36	12.01	12	10.68
本溪市南芬区	28	28.14	29	5.40	39	11.11	3	11.62
宝鸡市渭滨区	29	27.67	34	4.54	30	13.43	23	9.71
沈阳市铁西区	30	27.43	35	4.53	26	13.65	26	9.25
牡丹江阳明区	31	27.17	13	7.12	43	8.67	6	11.38
德州市德城区	32	27.12	33	4.60	21	14.75	33	7.77
潍坊市峡山区	33	26.90	47	2.51	38	11.43	1	12.95
呼和浩特赛罕区	34	26.72	3	9.00	32	13.09	44	4.63
赤峰市元宝山区	35	26.57	41	3.26	33	12.88	15	10.43
嘉兴市南湖区	36	25.87	14	7.09	25	14.14	43	4.65
遵义红花岗区	37	24.99	36	4.49	42	10.18	17	10.32
乐山市五通桥区	38	23.72	45	2.81	41	10.65	18	10.25
江门市新会区	39	23.53	43	3.11	28	13.48	38	6.93
宜昌市点军区	40	23.14	6	8.31	46	6.67	30	8.16
成都市金牛区	41	22.37	31	5.37	19	14.91	48	2.09
烟台市牟平区	42	21.77	38	4.04	31	13.42	46	4.31
中卫市城区	43	20.07	40	3.55	49	5.60	10	10.92
天水市秦州区	44	19.83	48	1.92	47	6.33	4	11.59
贵阳市白云区	45	19.76	20	6.46	44	7.55	41	5.75
长春市九台区	46	19.62	42	3.18	48	6.11	16	10.33
朔州市朔城区	47	18.19	46	2.76	41	10.70	42	4.73
太原市迎泽区	48	17.24	44	2.86	23	14.38	49	0.00
枣庄市山亭区	49	16.60	49	1.68	45	7.29	35	7.63

三、地级市型实验区创新能力评价

本章分别从总体创新能力、科技创新和可持续发展能力三个方面对城市型国家可持续发展实验区的创新能力进行评价，由于吉林省四平市填报的2013年数据极少，现只对22个地级市型实验区2013年的创新能力各级指标进行评价和分析。

（一）总体创新能力

地级市型国家可持续发展实验区2013年创新能力总分及排名情况如表5–7所示。排名前5名的分别是：江苏省苏州市、江苏省无锡市、安徽省铜陵市、浙江省绍兴市和山东省东营市。其中，除了山东省东营市科技创新能力排名第六，其他实验区的科技创新排名都在前四位。总分排名后五名的依序是青海省海南州、山西省长治市、陕西省榆林市、河北省廊坊市和河南省鹤壁市。他们在科技创新方面和可持续发展方面的得分普遍比较低，多数处在后5位。

表5–7　地级市型国家可持续发展实验区创新能力综合排序

实验区名称	总体		科技创新		可持续发展		实验区名称	总体		科技创新		可持续发展	
	排名	总分	排名	得分	排名	得分		排名	总分	排名	得分	排名	得分
江苏省苏州市	1	73.60	1	36.51	1	37.09	云南省临沧市	12	34.86	13	8.39	8	26.47
江苏省无锡市	2	55.85	2	32.25	17	23.61	吉林省白山市	13	34.13	14	7.85	9	26.28
安徽省铜陵市	3	54.07	3	22.92	4	31.15	河南省济源市	14	33.50	7	11.69	18	21.81
浙江省绍兴市	4	50.95	4	17.07	3	33.89	青海省海西州	15	32.95	17	7.06	11	25.89
山东省东营市	5	49.40	6	13.85	2	35.54	山东省日照市	16	32.05	15	7.72	14	24.33
福建省龙岩市	6	44.29	5	14.32	6	29.97	贵州省毕节市	17	31.31	12	9.88	19	21.43
新疆克拉玛依市	7	39.36	8	11.18	7	28.17	河南省鹤壁市	18	30.86	18	6.30	15	24.56
湖北省襄阳市	8	36.51	11	10.51	10	25.99	河北省廊坊市	19	28.80	20	4.80	16	24.00
黑龙江大庆市	9	36.44	9	10.64	12	25.80	陕西省榆林市	20	21.47	19	5.85	21	15.63
江苏省盐城市	10	36.34	10	10.60	13	25.74	山西省长治市	21	20.60	22	2.93	20	17.66
内蒙古鄂尔多斯市	11	35.07	21	4.55	5	30.52	青海省海南州	22	20.54	16	7.53	22	13.01

（二）科技创新能力

地级市型实验区 2013 年科技创新总得分和排名以及在科技投入、科技产出两方面的得分及排名情况如表 5-8 所示。科技创新总体排名前五名的分别是：江苏省苏州市、江苏省无锡市、安徽省铜陵市、浙江绍兴市、福建省龙岩市。江苏省苏州市的科技投入和科技产出均位列第一。位列第二的江苏省无锡市，科技创新总分以及科技投入、科技产出得分均排名第二，且与第一名苏州不相上下。总体排名后五位的依序分别是：山西省长治市、内蒙古鄂尔多斯市、河北省廊坊市、陕西省榆林市、河南省鹤壁市。他们在科技投入与科技产出各项指标上的得分都比较低，科技创新水平明显落后。

表 5-8　地级市型国家可持续发展实验区 2013 年科技创新得分和排名

实验区名称	总体		科技投入		科技产出		实验区名称	总体		科技投入		科技产出	
	排名	总分	排名	得分	排名	得分		排名	总分	排名	得分	排名	得分
江苏省苏州市	1	36.51	1	17.19	1	19.32	贵州省毕节市	12	9.88	8	6.54	14	3.34
江苏省无锡市	2	32.25	2	15.80	2	16.45	云南省临沧市	13	8.39	10	6.39	19	2.00
安徽省铜陵市	3	22.92	4	9.45	3	13.47	吉林省白山市	14	7.85	7	6.58	21	1.27
浙江省绍兴市	4	17.07	3	10.72	7	6.35	山东省日照市	15	7.72	19	1.82	11	5.90
福建省龙岩市	5	14.32	6	7.37	6	6.96	青海省海南州	16	7.53	16	3.27	13	4.26
山东省东营市	6	13.85	5	7.67	9	6.19	青海省海西州	17	7.06	14	4.26	18	2.80
河南省济源市	7	11.69	9	6.47	12	5.22	河南省鹤壁市	18	6.30	17	3.13	15	3.17
新疆克拉玛依市	8	11.18	18	2.91	4	8.28	陕西省榆林市	19	5.85	11	4.83	22	1.01
黑龙江大庆市	9	10.64	15	3.45	5	7.19	河北省廊坊市	20	4.80	20	1.76	16	3.04
江苏省盐城市	10	10.60	12	4.55	10	6.04	内蒙古鄂尔多斯市	21	4.55	21	1.50	16	3.04
湖北省襄阳市	11	10.51	13	4.28	8	6.23	山西省长治市	22	2.93	22	0.93	19	2.00

（三）可持续发展能力

地级市型实验区 2013 年可持续发展总得分和排名以及在经济发展、社会和谐和环境友好三方面的得分及排名情况如表 5–9 所示。可持续发展得分前五位的地级市型实验区分别是：江苏省苏州市、山东省东营市、浙江省绍兴市、安徽省铜陵市、内蒙古鄂尔多斯市。可持续发展能力后五位的地级市型实验区分别是：青海省海南州、陕西省榆林市、山西省长治市、贵州省毕节市、河南省济源市。

表 5–9　地级市型国家可持续发展实验区 2013 年可持续发展得分和排名

实验区名称	总体		经济发展		社会和谐		环境友好	
	排名	总分	排名	得分	排名	得分	排名	得分
江苏省苏州市	1	37.09	2	8.32	1	17.58	8	11.18
山东省东营市	2	35.54	1	9.48	5	14.40	6	11.66
浙江省绍兴市	3	33.89	5	6.94	4	14.77	4	12.18
安徽省铜陵市	4	31.15	9	5.45	7	13.94	5	11.76
内蒙古鄂尔多斯市	5	30.52	7	5.97	8	13.66	10	10.89
福建省龙岩市	6	29.97	15	3.82	11	12.57	1	13.58
新疆克拉玛依市	7	28.17	3	7.50	2	16.38	19	4.29
云南省临沧市	8	26.47	11	4.81	20	8.21	2	13.45
吉林省白山市	9	26.28	20	2.70	16	10.63	3	12.95
湖北省襄阳市	10	25.99	8	5.55	17	9.66	11	10.78
青海省海西州	11	25.89	16	3.72	10	13.00	13	9.17
黑龙江大庆市	12	25.80	13	4.07	15	10.83	9	10.90
江苏省盐城市	13	25.74	4	7.35	6	14.26	20	4.13
河南省鹤壁市	14	24.56	13	4.07	18	9.02	7	11.47
山东省日照市	15	24.33	12	4.14	13	11.97	15	8.23
河北省廊坊市	16	24.00	17	3.32	9	13.33	17	7.35
江苏省无锡市	17	23.61	6	6.07	3	15.98	22	1.55
河南省济源市	18	21.81	19	2.84	14	11.42	16	7.54
贵州省毕节市	19	21.43	10	5.36	21	7.61	14	8.46
山西省长治市	20	17.66	20	0.93	12	12.22	18	4.52
陕西省榆林市	21	15.63	18	3.08	19	8.44	21	4.11
青海省海南州	22	13.01	22	0.76	22	2.92	12	9.33

四、小结

从总体创新能力来看，县域型排名前 5 位的分别是江苏省昆山市、江苏省太仓市、江苏省张家港市、江苏省江阴市、山东省龙口市；城区型排名前 5 位的分别是上海市徐汇区、南京市江宁区、广州市天河区、青岛市黄岛区、青岛市城阳区；地级市型排名前 5 位的分别是江苏省苏州市、江苏省无锡市、安徽省铜陵市、浙江省绍兴市和山东省东营市。

从科技创新能力来看，县域性排名前 5 位的分别是江苏省昆山市、江苏省太仓市、江苏省张家港市、江苏省常熟市、江苏省江阴市；城区型排名前 5 位的分别是上海市徐汇区、青岛市黄岛区、南京市江宁区、广州市天河区、沈阳市铁西区；地级市型排名前 5 位的分别是江苏省苏州市、江苏省无锡市、安徽省铜陵市、浙江省绍兴市、福建省龙岩市。

从可持续发展能力来看，县域性排名前 5 位的分别是浙江省宁海县、江苏省江阴市、江苏省张家港市、江苏省太仓市、山东省龙口市；城区型排名前 5 位的分别是青岛市城阳区、北京市西城区、佛山市禅城区、上海市徐汇区、杭州市上城区；地级市型排名前 5 位的分别是江苏省苏州市、山东省东营市、浙江省绍兴市、安徽省铜陵市、内蒙古鄂尔多斯市。

第六章

主要结论与建议

一、主要结论

（一）实验区科技创新能力显著提升，高新技术产业快速发展，经济、社会与环境之间呈现协调发展态势

科技投入规模和强度不断增加。从 2009 年到 2013 年，县域型、城区型和地级市型实验区的财政科技投入均以 18% 以上的速度增长，而且占本级财政一般预算支出比例也在逐年提高，反映实验区政府对依靠科技进步促进可持续发展的意识越来越强。其中，县域型实验区的本级科学技术支出所占比例由 1.64% 增加到 2.18%，平均每个县的本级科学技术支出由 3547 万元增长到 9761 万元，年均增长 28.79%；城区型实验区的本级科学技术支出所占比例由 2.26% 提升到 2.42%，平均每个城区的本级科学技术支出由 5405.98 万元增长到 10532.05 万元，年均增长 18.14%；地级市型实验区本级科学技术支出所占比例由 2.15% 提升到 2.49%，平均每个市的本级科学技术支出由 15057.09 万元增长到 35095.31 万元，年均增长 23.56%。

科技产出水平不断提高。2009—2013 年，各类实验区的授权专利和授权发明专利数均快速增加，年均增幅均达 19% 以上。其中，县域型实验区平均万人专利授权数从 5.08 件增长到 10.28 件，百万人授权发明专利数由 16.31 件增长到 63.70 件，年均增长分别为 19.3% 和 40.59%；城区型实验区万人专利授权数从 14.20 件增长到 34.49 件，百万人授权发明专利数由 121.62 件增长到 245.60 件，年均增长分别为 24.83% 和 19.21%；地级市型实验区万人专利授权数由 101 件增长到 310 件，百万人授权发明专利数由 101.43 件增长到 309.95 件，年均增长分别为 32.21% 和 32.2%。

高新技术产业快速发展。实验区依靠科技进步促进可持续发展，带动了高新技术企业和产业的快速发展。从 2009 年到 2013 年，平均每个县域型实验区累计认定并有效的高新技术企业数由 10.67 家增长到 31.45 家，年均增加 31.03%；高新技术产业产值占工业总产值的比例由 14.38% 提升到 19.07%，提高了 4.69 个百分点。平均每个城区型实验区累计认定并有效的高新技术企业数由 35 家增加到 67 家，年均增长 17.43%；高新技术产业产值占工业总产值的比例由 28.12% 提升到 34.29%，增加了

6.17 个百分点。平均每个地级市型实验区累计认定并有效的高新技术企业数由 83 家增加到 229 家，年均增加 28.77%；高新技术产业产值占工业总产值的比例由 18.22% 提升到 23.33%，提升了 5.11 个百分点。

经济快速发展。2009—2013 年，县域型实验区的人均 GDP 年均增长 14.51%，城区型实验区人均 GDP 年均增长 12.49%，地级市型实验区的人均 GDP 年均增长 15.17%。总体上看，各类实验区的经济增长速度均比较快。2013 年各类实验区的人均 GDP 均达到比较高的水平，除县域型实验区外，其他类型实验区的人均 GDP 均超过了 80000 元。

民生不断改善。2009—2013 年，各类实验区的卫生健康和就业等社会事业稳定健康发展，特别是生产安全水平显著改善。其中，县域型实验区新生儿死亡率由 5.26‰ 下降到 3.57‰，城镇登记失业率由 3.24% 下降到 2.83%，亿元国内生产总值生产安全事故死亡率由 3.39% 下降到 1.77%；城区型实验区新生儿死亡率由 4.16‰ 降到 3.28‰，城镇登记失业率由 2.99% 下降到 2.70%，亿元国内生产总值生产安全事故死亡率由 6.44% 下降为 2.31%；地级市型实验区新生儿死亡率由 6.12‰ 下降到 5.00‰，城镇登记失业率由 3.17% 下降到 2.70%，亿元国内生产总值生产安全事故死亡率由 5.03% 逐年下降为 1.58%。

城乡差距不断缩小。总体上看，2009—2013 年，各类实验区的城乡居民收入均以比较高的速度增长，而且农村居民人均纯收入的增长速度均高于城镇居民人均可支配收入的增长速度，城乡收入差距明显缩小。其中，县域型实验区的城镇居民人均可支配收入和农村居民人均纯收入年均分别增长 12.52% 和 14.68%，2013 年分别达到 24125.03 元 / 人和 11964.77 元 / 人；城区型实验区的城镇居民人均可支配收入和农村居民人均纯收入年均分别增长 12.18% 和 13.29%，2013 年分别达到 30251.39 元 / 人和 13375.61 元 / 人；地级市型实验区的城镇居民人均可支配收入和农村居民人均纯收入年均分别增长 12.26% 和 15.14%，2013 年分别达到 27326.5 元和 11777.70 元。

能源利用效率不断提高，但环保压力依然巨大。从 2009 年到 2013 年，县域型实验区单位 GDP 能耗年均减少 5.63%，城区型实验区年均减少 10.50%，地级市型实验区年均减少 6.88%。但是，实验区的环保压力依然较大，尤其是空气质量问题比较突出。从 2009 年到 2013 年，县域型实验区空气质量达到二级以上天数占全年比重由 90.56% 下降为 90.06%，城区型实验区由 87.69% 下降为 80.35%，地级市型实验区由 92.77% 下降为 83.28%。

（二）实验区科技创新能力与全国总体水平基本一致，但经济发展水平明显较高，尤其是城乡协调发展状况明显好于全国平均水平

科技投入规模和强度略低于全国平均水平。2013 年全国人均地方财政科学技术支出为 199.5 元，县域型、城区型和地级市型实验区的人均本级科学技术支出分别为 127.11 元、152.13 元和 142.66 元。2013 年全国地方财政科学技术支出占地方财政一般预算支出的比例为 2.3%，县域型、城区型和地级市型实验区的本级科学技术支出占本级财政一般预算支出比例分别是 2.18%、2.42% 和 2.49%。从与全国的比较看，实验区的财政科技投入还应该进一步加大。

科技产出状况略强于全国平均水平。在万人专利授权数方面，2013 年全国是 9.03 件，县域型、城区型和地级市型实验区的万人专利授权数分别是 10.28 件、34.49 件和 12.04 件，各类实验区的万人专利授权数均超过全国平均水平。在百万人授权发明专利数上，2013 年全国为 105.48 件 / 百万人，县域型、城区型和地级市型实验区分别是 75.71 件、298.79 件和 95.11 件。

经济发展状况明显强于全国平均水平。2013 年全国人均 GDP 为 41907.59 元，县域型、城区型和地级市型实验区分别是 56343.88 元、87189.11 元和 88749.99 元，各类实验区的人均 GDP 分别是全国平均水平的 1.34 倍、2.08 倍和 2.12 倍。若按现价汇率计算，2013 年全国人均 GDP 属于中高收入国家水平，而城区型、地级市型实验区已经达到高收入国家水平（即人均 GDP 大于 1.2 万美元）。

民生状况明显好于全国平均水平。在城镇登记失业率方面，2013 年全国为 4%，

县域型、城区型和地级市型实验区分别是 2.83%、2.7% 和 2.7%，各类实验区的就业状况相对较好。在城镇居民人均可支配收入上，2013 年全国为 26955.10 元，县域型、城区型和地级市型实验区分别是 24125.03 元、30251.39 元和 27326.50 元；在农村居民人均纯收入方面，2013 年全国为 8895.9 元，县域型和地级市型实验区分别是 11964.77 元和 11777.7 元。显然，各类实验区的居民收入状况均明显高于全国平均水平。尤其可喜的是，各类实验区中的城乡收入差距比较小。2013 年全国城镇居民人均可支配收入与农民人均纯收入的比是 3.03，县域型、地级市型实验区分别是 2.11 和 2.48，实验区的城乡发展更为均衡。

资源利用效率和环境状况与全国平均水平基本一致。2013 年全国单位 GDP 能耗下降 3.7%，县域型、城区型和地级市型分别下降 2.7%、4.5%、3.4%。2013 年全国平均霾日数为 35.9 天，占 10.0%，为 1961 年以来最多的一年。在三大重点区域中，京津冀 13 个地级及以上城市空气质量达标天数比例平均仅为 37.5%，长三角区域 25 个地级及以上城市达标天数比例平均为 64.2%，珠三角区域 9 个地级及以上城市空气质量达标天数比例平均为 76.3%。2013 年，县域型、城区型和地级市型实验区空气质量达标天数比例则分别为 90.06%、80.35% 和 83.28%。

（三）不同类型实验区创新能力提升的主要贡献因子不同，总体看，科技投入、科技产出、经济发展贡献相对较大，而环境指标为负值

县域型实验区创新能力提升主要归功于科技投入和科技产出。以 2009 年为基数 100，2010—2013 年县域型实验区的创新能力指数以比较快的速度持续增长，2010 年到 2013 年分别增长 13.9 点、18.3 点、16.3 点和 12.0 点，增长率分别为 13.9%、16.1%、12.3% 和 8.1%。从 2013 年县域型实验区创新能力指数的增长结构看，科技投入指数贡献度为 3.77 点，科技产出指数贡献度为 3.61 点，经济发展指数贡献度为 3.08 点，社会和谐指数贡献度为 1.57 点，环境友好指数贡献度为 −0.04 点。对总指数增长贡献度最大的是科技投入，贡献率达到 31.32%，科技产出和经济发展的贡献度也比较高，而环境友好的贡献率为负数。

城区型实验区创新能力提升主要归功于科技投入和经济发展。以 2009 年为基数 100，2010—2013 年城区型实验区的创新能力指数持续增长，2010 年到 2013 年分别增长 13.5 点、16.9 点、2.3 点和 6.1 点，增长率分别是 13.5%、14.9%、1.8% 和 4.6%。从 2013 年城区型实验区创新能力指数的增长结构来看，科技投入指数贡献度为 3.4 点，科技产出指数贡献度为 0.6 点，经济发展指数贡献度为 2.3 点，社会和谐指数贡献度为 0.4 点，环境友好指数贡献度为 −0.6 点。显然，对总指数增长贡献度最大的是科技投入，贡献率达到 55.59%，经济发展的贡献度也比较高，而环境友好的贡献率为负数。

地级市型实验区创新能力提升主要归功于科技投入和社会和谐。以 2009 年为基数 100，2010—2013 年地级市型实验区的创新能力指数以较快的速度持续增长，2010 年到 2013 年分别增长 13.5 点、15.4 点、13.0 点和 10.0 点，增长率分别是 13.5%、13.5%、10.1% 和 7.1%，增长速度逐年放缓。从 2013 年地级市型实验区创新能力指数的增长结构看，科技投入指数贡献度为 5.55 点，科技产出指数贡献度为 1.50 点，经济发展指数贡献度为 0.90 点，社会和谐指数贡献度为 2.76 点，环境友好指数贡献度为 −0.70 点。对总指数增长贡献度最大的是科技投入，贡献率达到 55.47%；其次是社会和谐，贡献率为 27.56%；而环境友好的贡献率为负数。

（四）实验区在管理创新方面成效显著，为区域可持续发展发挥了重要的模式探索作用

实验区经过多年的科学探索和实践，针对不同类型地区、不同类型可持续发展问题，形成了一系列颇具创新性的解决路径和发展模式，积累了大量的社会管理、经济转型、资源与环境协调发展等方面的经验，为我国区域可持续发展发挥了积极的实验和示范作用。

在大城市城区管理方面，实验区较早地开展了综合管理探索，为构建现代化城市管理体系、实现治理体系与治理能力现代化摸索出了经验。例如，实验区探索形成了城市生活垃圾处理的“广汉模式”、社会管理的“沈河模式”、城市社区管理的武汉江汉区“百步亭模式”等。另外，浙江绍兴在古城区保护、北京市西城区在特殊群体

扶助体系建设等方面也都探索出了很好的经验做法。

在产业绿色转型和资源环境保护方面，形成了多条以科技为带动的资源型地区产业转型升级模式。例如，实验区涌现出了以经济转型发展带动区域全面发展的山西“泽州模式”、资源开发与保护并重的吉林“白山模式”、可持续生态旅游的江西“井冈山模式”、湖库水源地保护的湖南“资兴模式”等。

在新农村建设与现代农业发展方面，形成了以“猪—沼—果”生态农业为特色的“恭城模式”，以循环农业为特色的“牟平模式”，以及以农业产业化带动农村可持续发展的“正定经验”等。

在小城镇发展方面，浙江杨汛桥镇率先提出并实践了“就地城镇化”的发展方式，浙江横店镇采取政府引导、企业出资兴办的城镇化推进措施，安徽毛集在移民搬迁新建乡镇方面取得了良好成效。

实验区所取得的成就得到了中国政府的高度认可。在《中华人民共和国可持续发展国家报告 2012》中，以独立章节介绍了国家可持续发展实验区的建设经验；在《中国实施千年发展目标报告（2000—2015）》中，将建立国家可持续发展实验区作为中国推进实施千年发展目标的一条基本经验。中国已经将国家可持续发展实验区的经验作为“中国经验”的重要内容之一，向其他国家进行了积极的推广。

二、有关建议

（一）进一步加大科技创新投入，积极营造有利于大众创业、万众创新的制度环境，切实走上创新驱动发展的轨道

尽管从纵向比较看，近年来实验区的科技创新能力不断提升，科技创新为区域可持续发展发挥了重要的支撑作用。但是，从与全国及实验区所在省份平均水平看，实验区的科技创新优势不明显。之所以会出现这样的结果，这主要是由于实验区建设的

宗旨和重点所致。实验区建设的宗旨是根据可持续发展理念，探索区域经济、社会与环境协调发展的模式和路径，实验区创新的重点不仅包括科技创新，还包括甚至可以说更为重要的是发展理念创新、发展制度创新。近 30 年来，在对实验区建设成就的总结与评估方面，也一直以是否探索形成了典型的可持续发展模式和是否实现了经济、社会与环境的协调发展为主要标准来展开，并没有把科技创新摆在突出强调的地位。

党的十八大明确提出了创新驱动发展战略，当前各地正在积极推进大众创业、万众创新。作为我国典型创新密集区之一，实验区在今后的建设中，应进一步加强科技创新投入力度，努力使科技创新与理念创新、制度创新齐头并进，为创新驱动发展国家战略实施发挥应有的实验示范作用。

（二）把握好国际国内可持续发展的新机遇，积极承担为建设生态文明和落实 2015 年后发展议程进行路径探索的新使命

实验区一直特别注重环境保护，在环保政策制定方面进行了积极和大胆的创新，实验区的许多环境指标有所改善。但由于环境问题是一个系统性、复杂性和区域性的问题，以县域为边界的实验区建设在推动区域环境治理方面也确实存在其局限性。本次评估中选用了能源效率和空气质量两个环境指标，其中的能源效率是县域范围内可控的，但空气质量的改善则需要多县域甚至多省份合作才可能实现。受近几年全国范围内雾霾天气频发影响，本次评估中各实验区的空气质量也有所下降，结果导致了环境指标对创新能力的提升贡献为负值。客观地讲，这一评价结果并没有真实地反映实验区为改善环境所付出的努力。

当前，国内国际可持续发展形势正在发生深刻变化。从国内看，生态文明建设和新型城镇化建设等重大国家发展战略加速实施；从国际看，联合国即将通过以设定全球可持续发展目标为核心的 2015 年后发展议程。实验区迎来了为这些重大战略实施进行路径探索的新使命。从未来一定时期看，实验区应在发展定位上结合这些新形势及时进行战略调整，重点围绕推进新型城镇化、建设生态文明、以及实现 2015 年后发展议程等积极进行探索和实践，继续发挥并努力增强其在国家可持续发展战略实施

中的领航作用。

（三）着力营造社会力量参与实验区发展的政策环境，拓展合作交流渠道，推进实验区工作再上新台阶

近 30 年的实验区建设探索形成了许多可资借鉴的可持续发展经验和模式，但对这些经验和模式的系统梳理、总结和宣传推广工作仍相对滞后，实验区没有建立起有效的交流合作平台，没有充分吸纳社会力量参与，所形成的创新经验和实践尚未发挥应有的示范带动作用。

面向未来，应充分利用当前体制机制改革契机，积极探索让企业、市场、资本、民间团体等各类社会力量参与和推动实验区建设的新模式。应着力抓好“实验区协同创新战略联盟”和“中国可持续发展研究会实验区工作委员会”两大平台建设，大力加强实验区间的政策联动、信息共享、产业互动，努力促进实验区与域外的发展经验分享和产业合作。同时，探索建设以实验区为基础的可持续发展多边伙伴关系，推进实验区与其他国家的地方可持续发展经验分享和互鉴，努力使实验区成为中国在可持续发展领域对外合作的窗口，成为中国与其他发展中国家实现共同发展的合作平台。

国家可持续发展
实验区创新能力评价报告 2014

附　录

附录 1 国家可持续发展实验区创新能力评价指标体系及权重

(1) 县域型和地级市型实验区创新能力评价指标权重

一级指标	二级指标	三级指标		
名称和权重	名称	序号	名称	权重
科技创新（50）	科技投入 (25)	1	本级科学技术支出（万元）	6.25
		2	本级科学技术支出所占比例（%）	6.25
		3	人均本级科学技术支出（元 / 人）	6.25
		4	人均本级科学技术支出增长率 (%)	6.25
	科技产出 (25)	5	万人专利授权数（件 / 万人）	5
		6	百万人累计认定并有效的高新技术企业（家）	5
		7	高新技术产业产值占工业总产值比 (%)	5
		8	百万人授权发明专利数（件）	5
		9	百万人授权发明专利数增长率 (%)	5
可持续发展（50）	经济发展 (15)	10	人均 GDP（元 / 人）	5
		11	人均 GDP 增长率 (%)	5
		12	万人新登记注册企业数（家）	5
	社会和谐（20）	13	新生儿死亡率（‰）	2.5
		14	城镇登记失业率（%）	2.5
		15	亿元 GDP 生产安全事故死亡率（%）	2.5
		16	城镇居民人均可支配收入（元 / 人）	2.5
		17	农村居民人均纯收入（元 / 人）	2.5
		18	城乡收入比	2.5
		19	农村居民人均纯收入增长率 (%)	2.5
		20	城镇居民人口比重（%）	2.5
	环境友好 (15)	21	单位 GDP 能耗（吨标煤 / 万元）	5
		22	单位 GDP 能耗下降率 (%)	5
		23	空气质量达到二级以上天数占全年比重 (%)	5

(2) 城区型实验区创新能力评价指标权重

一级指标	二级指标	三级指标		
名称和权重	名称	序号	名称	权重
科技创新（50）	科技投入（25）	1	本级科学技术支出（万元）	6.25
		2	本级科学技术支出所占比例（%）	6.25
		3	人均本级科学技术支出（元 / 人）	6.25
		4	人均本级科学技术支出增长率 (%)	6.25
	科技产出（25）	5	万人专利授权数（件 / 万人）	5
		6	百万人累计认定并有效的高新技术企业（家）	5
		7	高新技术产业产值占工业总产值比 (%)	5
		8	百万人授权发明专利数（件）	5
		9	百万人授权发明专利数增长率 (%)	5
可持续发展（50）	经济发展（15）	10	人均 GDP（元 / 人）	5
		11	人均 GDP 增长率 (%)	5
		12	万人新登记注册企业数（家）	5
	社会和谐（20）	13	新生儿死亡率（‰）	4
		14	城镇登记失业率（%）	4
		15	亿元 GDP 生产安全事故死亡率（%）	4
		16	城镇居民人均可支配收入（元 / 人）	4
		17	城镇居民人口比重（%）	4
	环境友好（15）	18	单位 GDP 能耗（吨标煤 / 万元）	5
		19	单位 GDP 能耗下降率 (%)	5
		20	空气质量达到二级以上天数占全年比重 (%)	5

附录 2 国家可持续发展实验区创新能力评价指标解释

1. 本级科学技术支出。系指本级政府财政一般预算支出中科学技术支出决算额。

2. 本级科学技术支出所占比例。全称为本级科学技术支出占当年本级财政一般预算支出比例。本级科学技术支出占当年本级财政一般预算支出比例 = 本级科学技术支出 / 本级财政一般预算支出。

3. 人均本级科学技术支出。系指本级政府财政一般预算支出中科学技术支出决算额与当地常住人口的比。

4. 人均本级科学技术支出增长率。本年度人均本级科学技术支出相对于去年的人均本级科学技术支出所增长的份额，人均本级科学技术支出增长率 = （本年度人均本级科学技术支出 − 上一年人均本级科学技术支出）/ 上一年人均本级科学技术支出 ×100%。

5. 万人专利授权数。系指专利局在期末对发明人的发明创造经审查合格后，依法授予发明人和设计人对发明创造享有的专有权的总数与当地常住人口的比值。专利包括发明专利、实用新型专利和外观设计专利三类。

6. 百万人累计认定并有效的高新技术企业数。系指区域内被政府认定并处于有效期内的高新技术企业总数。

7. 高新技术产业产值占工业总产值比重。高新技术是指那些对一个国家或一个地区的政治、经济和军事等各方面的进步产生深远的影响，并能形成产业的先进技术群。高新技术产业产值占工业总产值比重 = 高新技术总产值 / 工业总产值。

8. 百万人授权发明专利数。发明是指对产品、方法或其改进所提出的新的技术方案。如果发明人将这种技术方案向专利局提出申请，并且通过一系列严格的审查，特别是新颖性、创造性和实用性的审查；对符合规定的发明专利申请授予专利权。授权发明专利数是一个地区发明专利申请授予专利权的总数。

9. 百万人授权发明专利数增长率。本年度百万人授权发明专利数相对于去年的百万人授权发明专利数所增长的份额，百万人授权发明专利数增长率 =（本年度百万人授权发明专利数 − 上一年百万人授权发明专利数）/ 上一年百万人授权发明专利数 ×100%。

10. 人均 GDP。国内生产总值（GDP）是指按市场价格计算的一个国家（或地区）所有厂商和个人在一定时期内所生产的最终产品及服务的市场价值总和。人均 GDP=GDP 总量 / 年末总人口。

11. 人均 GDP 增长率。本年度人均 GDP 相对于去年的人均 GDP 所增长的份额，人均 GDP 增长率 =（本年度人均 GDP− 上一年人均 GDP）/ 上一年人均 GDP×100%。

12. 万人新登记注册企业数。系指一定时期内在工商管理部门新登记注册的当地企业总数与当地常住居民万人数的比，是反映经济活力的指标。

13. 新生儿死亡率。系指妊娠 28 周后出生的活产儿，从出生到生后 28 内死亡人数同出生人数的比率。这是反映一个地区居民健康水平特别是妇幼保健工作水平的重要指标。

14. 城镇登记失业率。系指在报告期末城镇登记失业人数占期末城镇从业人员总数与期末实有城镇登记失业人数之和的比重。分子是登记的失业人数，分母是从业的人数与登记失业人数之和。

15. 亿元 GDP 生产安全事故死亡率。即生产安全事故死亡总人数与亿元国内生产总值（GDP）的比率。

16. 城镇居民人均可支配收入。系指家庭成员得到可用于最终消费支出和其他义务性支出以及储蓄的总和，即居民家庭可以用来自由支配的收入。它是家庭总收入扣除交纳个人所得税、个人交纳的社会保障支出以及记帐补贴后的收入。

17. 农村居民人均纯收入。系指农村每个住户当年从各个来源得到的总收入相应地扣除所发生的费用后的收入总和。纯收入主要用于再生产投入和当年生活消费支出，也可用于储蓄和各种非义务性支出。

18. 城乡收入比。即城镇居民人均可支配收入／农村居民人均纯收入。

19. 农村居民人均纯收入增长率。本年度农村居民人均纯收入相对于去年的农村居民人均纯收入所增长的份额，农村居民人均纯收入增长率＝（本年度农村居民人均纯收入－上一年农村居民人均纯收入）／上一年农村居民人均纯收入 ×100%。

20. 城镇居民人口比重。城镇居民人口是指居住于城市、集镇的人口，主要依据人群的居住地和所从事的产业进行归类。城镇居民人口比重＝城镇居民人口数／人口总数。

21. 单位 GDP 能耗。系指一次能源供应总量与国内生产总值 (GDP) 的比率，是反映能源消费水平和节能降耗状况的主要指标。该指标说明经济活动对能源的利用程度，反映经济结构和能源利用效率的变化。

22. 单位 GDP 能耗下降率。本年度单位 GDP 能耗相对于去年的单位 GDP 能耗所减少的份额，单位 GDP 能耗下降率＝（上一年单位 GDP 能耗－本年度单位 GDP 能耗）／上一年单位 GDP 能耗 ×100%。

23. 空气质量达到二级以上天数占全年比重。系指一年中空气质量三项指标（可吸入颗粒物、二氧化硫、二氧化氮）全部达到国家二级标准以上的总天数与全年总天数之比，是间接反映空气受污染程度尤其是反映空气受可吸入颗粒物和飘尘污染程度的重要指标。

附录3 国家可持续发展实验区名称、简称及成立时间一览表

序号	所属省份	实验区类型	实验区全称	实验区简称	创建年月
1	北京	城区型	北京市怀柔区	北京市怀柔区	1999.11
2	北京	城区型	北京市石景山区	北京市石景山区	2010.3
3	北京	城区型	北京市西城区	北京市西城区	1995.7
4	天津	城区型	天津市东丽区	天津市东丽区	2009.4
5	河北	地级市型	河北省廊坊市	河北省廊坊市	2008.2
6	河北	县域型	河北省承德市平泉县	河北省平泉县	2010.3
7	河北	县域型	河北省邯郸市武安市	河北省武安市	2009.4
8	河北	县域型	河北省迁安市	河北省迁安市	2010.3
9	河北	县域型	河北省石家庄市正定县	河北省正定县	1994.7
10	山西	地级市型	山西省长治市	山西省长治市	2009
11	山西	城区型	山西省朔州市朔城区	朔州市朔城区	2013.3
12	山西	城区型	山西省太原市迎泽	太原市迎泽区	2006.11
13	山西	县域型	山西省朔州市怀仁县	山西省怀仁县	2008.2
14	山西	县域型	山西省阳泉市盂县	山西省盂县	2013.4
15	山西	县域型	山西省朔州市右玉县	山西省右玉县	2009.10
16	山西	县域型	山西省晋城市泽州县	山西省泽州县	1998.4
17	内蒙古	地级市型	内蒙古自治区鄂尔多斯市	内蒙鄂尔多斯	2009.4
18	内蒙古	城区型	内蒙古自治区赤峰市元宝山区	赤峰市元宝山区	2009.4
19	内蒙古	城区型	内蒙古自治区呼和浩特市赛罕区	呼和浩特赛罕区	2013.4
20	内蒙古	县域型	内蒙古自治区赤峰市克什克腾旗	内蒙克什克腾旗	2012.5
21	辽宁	城区型	辽宁省本溪市南芬区	本溪市南芬区	2009.1
22	辽宁	城区型	辽宁省沈阳市和平区	沈阳市和平区	2011.2
23	辽宁	城区型	辽宁省沈阳市沈北新区	沈阳沈北新区	2011.2
24	辽宁	城区型	辽宁省沈阳市沈河区	沈阳市沈河区	1993.7
25	辽宁	城区型	辽宁省沈阳市铁西区	沈阳市铁西区	2009.10
26	辽宁	县域型	辽宁省营口市大石桥市	辽宁大石桥市	2013.4
27	吉林	地级市型	吉林省白山市	吉林省白山市	1997.9

续表

序号	所属省份	实验区类型	实验区全称	实验区简称	创建年月
28	吉林	地级市型	吉林省四平市	吉林省四平市	2011.2
29	吉林	城区型	吉林省长春市九台市	吉林省九台区	2013.4
30	黑龙江	地级市型	黑龙江省大庆市	黑龙江大庆市	2003.4
31	黑龙江	城区型	黑龙江牡丹江市阳明区	牡丹江阳明区	2012.4
32	黑龙江	县域型	黑龙江省牡丹江市海林市	黑龙江省海林市	2003.4
33	黑龙江	县域型	黑龙江省肇东市	黑龙江省肇东市	1996.8
34	上海	城区型	上海市徐汇区	上海市徐汇区	1997.12
35	上海	县域型	上海市崇明县	上海市崇明县	2010.3
36	江苏	地级市型	江苏省苏州市	江苏省苏州市	2009.4
37	江苏	地级市型	江苏省无锡市	江苏省无锡市	2007.12
38	江苏	地级市型	江苏省盐城市	江苏省盐城市	2013.4
39	江苏	城区型	江苏省南京市鼓楼区	南京市鼓楼区	2012.4
40	江苏	城区型	江苏省南京市江宁区	南京市江宁区	2011.2
41	江苏	城区型	江苏省苏州市吴江区	苏州市吴江区	2011.2
42	江苏	县域型	江苏省苏州市常熟市	江苏省常熟市	2009.1
43	江苏	县域型	江苏省盐城市大丰市	江苏省大丰市	1992.10
44	江苏	县域型	江苏省连云港市东海县	江苏省东海县	2013.4
45	江苏	县域型	江苏省南通市海门市	江苏省海门市	2013.4
46	江苏	县域型	江苏省无锡市江阴市	江苏省江阴市	1999.11
47	江苏	县域型	江苏省苏州市昆山市	江苏省昆山市	2009.10
48	江苏	县域型	江苏省苏州市太仓市	江苏省太仓市	2009.1
49	江苏	县域型	江苏省苏州市张家港市	江苏张家港市	2009.1
50	江苏	县域型	江苏省无锡市宜兴市	江苏省宜兴市	2009.10
51	浙江	地级市型	浙江省绍兴市	浙江省绍兴市	2009.4
52	浙江	乡镇型	浙江省金华市东阳市横店镇	浙江省横店镇	1993.7
53	浙江	乡镇型	浙江省宁波市邱隘镇	浙江省邱隘镇	1993.9
54	浙江	乡镇型	浙江省绍兴市杨汛桥	浙江杨汛桥镇	1993.7
55	浙江	城区型	浙江省湖州市南浔区	湖州市南浔区	2006.1
56	浙江	城区型	浙江省杭州市上城区	杭州市上城区	2013.4
57	浙江	城区型	浙江省杭州市下城区	杭州市下城区	2008.2

续表

序号	所属省份	实验区类型	实验区全称	实验区简称	创建年月
58	浙江	城区型	浙江省嘉兴市南湖区	嘉兴市南湖区	2012.4
59	浙江	县域型	浙江省湖州市安吉县	浙江省安吉县	2009.1
60	浙江	县域型	浙江省宁波市宁海县	浙江省宁海县	2009.10
61	浙江	县域型	浙江省丽水市遂昌县	浙江省遂昌县	2012.4
62	浙江	县域型	浙江省嘉兴市桐乡市	浙江省桐乡市	2006.2
63	浙江	县域型	浙江省台州市温岭市	浙江省温岭市	2004.3
64	安徽	地级市型	安徽省铜陵市	安徽省铜陵市	2006.11
65	安徽	城区型	安徽省合肥市包河区	合肥市包河区	1995.7
66	安徽	县域型	安徽省淮南市毛集实验区	安徽省毛集县	1994.7
67	安徽	县域型	安徽省黄山市歙县	安徽省歙县	2012.4
68	福建	地级市型	福建省龙岩市	福建省龙岩市	2009.4
69	福建	城区型	福建省厦门市思明区	厦门市思明区	2012.4
70	福建	县域型	福建省漳州市东山县	福建省东山县	2001.8
71	福建	县域型	福建省泉州市惠安县	福建省惠安县	2011.2
72	福建	县域型	福建省龙岩市漳平市	福建省漳平市	2006.11
73	江西	城区型	江西省赣州市章贡区	赣州市章贡区	2003.4
74	江西	县域型	江西省上饶市婺源县	江西省婺源县	2009.1
75	江西	县域型	江西省鹰潭市贵溪市	江西省贵溪市	2009.4
76	江西	县域型	江西省吉安市井冈山市	江西省井冈山市	1996.4
77	江西	县域型	江西省吉安市泰和县	江西省泰和县	2013.4
78	江西	县域型	江西省赣州市崇义县	江西省崇义县	2009.4
79	山东	地级市型	山东省东营市	山东省东营市	2006.2
80	山东	地级市型	山东省黄河三角洲	山东黄河三角洲	2010.3
81	山东	地级市型	山东省日照市	山东省日照市	1999.11
82	山东	城区型	山东省德州市德城区	德州市德城区	2011.1
83	山东	城区型	山东省青岛市城阳区	青岛市城阳区	2004.11
84	山东	城区型	山东省青岛市黄岛区（青岛经济技术开发区）	青岛市黄岛区	2013.4
85	山东	城区型	山东省潍坊市高新技术产业开发区	潍坊市高新区	2013.4
86	山东	城区型	山东省潍坊市峡山区	潍坊市峡山区	2011.2

续表

序号	所属省份	实验区类型	实验区全称	实验区简称	创建年月
87	山东	城区型	山东省烟台市牟平区	烟台市牟平区	1994.7
88	山东	城区型	山东省枣庄市山亭区	枣庄市山亭区	2010.12
89	山东	县域型	山东省烟台市长岛县	山东省长岛县	1995.6
90	山东	县域型	山东省烟台市龙口县	山东省龙口县	2012.4
91	山东	县域型	山东省临沂市沂水县	山东省沂水县	2013.4
92	山东	县域型	山东省淄博市沂源县	山东省沂源县	2012.4
93	河南	地级市型	河南省济源市	河南省济源市	2011.2
94	河南	乡镇型	河南省新乡市辉县市孟庄镇	河南省孟庄镇	1995.2
95	河南	乡镇型	河南省郑州市竹林镇	河南省竹林镇	1995.12
96	河南	城区型	河南省濮阳市华龙区	濮阳市华龙区	2009.4
97	河南	县域型	河南省平顶山市宝丰县	河南省宝丰县	2010.3
98	河南	地级市型	河南省鹤壁市	河南省鹤壁市	2013.4
99	河南	县域型	河南省安阳市林州市	河南省林州市	1996.10
100	河南	县域型	河南省焦作市孟州市	河南省孟州市	2006.2
101	河南	县域型	河南省濮阳市清丰县	河南省清丰县	2013.4
102	河南	县域型	河南省洛阳市嵩县	河南省嵩县	2011.2
103	河南	县域型	河南省许昌市鄢陵县	河南省鄢陵县	2006.11
104	湖北	地级市型	湖北省襄阳市	湖北省襄阳市	2013.4
105	湖北	城区型	湖北省武汉市汉阳	武汉市汉阳区	2006.11
106	湖北	城区型	湖北省武汉市江岸区	武汉市江岸区	1999.11
107	湖北	城区型	湖北省宜昌市点军区	宜昌市点军区	2009.10
108	湖北	县域型	湖北省宜昌市长阳土家族自治县	湖北省长阳县	2012.4
109	湖北	县域型	湖北省襄阳市谷城县	湖北省谷城县	2009.10
110	湖北	县域型	湖北省神农架林区市	湖北神农架市	2009.4
111	湖北	县域型	湖北省仙桃市	湖北省仙桃市	2006.2
112	湖北	县域型	湖北省襄阳市宜城市	湖北省宜城市	2011.2
113	湖北	县域型	湖北省黄冈市英山县	湖北省英山县	2013.4
114	湖北	县域型	湖北省荆门市钟祥市	湖北省钟祥市	1995.12
115	湖南	县域型	湖南省岳阳市华容县	湖南省华容县	2008.2
116	湖南	县域型	湖南省邵阳市邵东县	湖南省邵东县	2011.3

续表

序号	所属省份	实验区类型	实验区全称	实验区简称	创建年月
117	湖南	县域型	湖南省湘潭市韶山市	湖南省韶山市	2003.4
118	湖南	县域型	湖南省湘潭市湘乡市	湖南省湘乡市	2013.4
119	湖南	县域型	湖南省郴州市永兴县	湖南省永兴县	2013.4
120	湖南	县域型	湖南省郴州市资兴市	湖南省资兴市	1999.11
121	广东	乡镇型	广东省东莞市清溪镇	广东省清溪镇	1995.12
122	广东	城区型	广东省佛山市禅城区	佛山市禅城区	2012.4
123	广东	城区型	广东省广州市天河区	广州市天河区	2003.4
124	广东	城区型	广东省江门市新会区	江门市新会区	2009.3
125	广东	县域型	广东省梅州市丰顺县	广东省丰顺县	2009.4
126	广东	县域型	广东省梅州市蕉岭县	广东省蕉岭县	2011.2
127	广东	县域型	广东省韶关市南雄市	广东省南雄市	2011.2
128	广东	县域型	广东省云浮市云安县	广东省云安县	2009.9
129	广西	县域型	广西壮族自治区桂林市恭城瑶族自治县	广西省恭城县	2001.12
130	海南	县域型	海南省澄迈县	海南省澄迈县	2013.3
131	重庆	城区型	重庆市北碚区	重庆市北碚区	2008.7
132	重庆	城区型	重庆市渝北区	重庆市渝北区	2009.4
133	重庆	县域型	重庆市梁平县	重庆市梁平县	2013.3
134	四川	城区型	四川省成都市金牛区	成都市金牛区	2013.3
135	四川	城区型	四川省乐山市五通桥区	乐山市五通桥区	2004.11
136	四川	县域型	四川省眉山市丹棱县	四川省丹棱县	2012.4
137	四川	县域型	四川省德阳市广汉市	四川省广汉市	1993.7
138	贵州	地级市型	贵州省毕节市	贵州省毕节市	2009.10
139	贵州	城区型	贵州省贵阳市白云区	贵阳市白云区	2012.4
140	贵州	城区型	贵州省遵义市红花岗区	遵义红花岗区	2013.4
141	贵州	县域型	贵州省都匀市	贵州省都匀市	2009.10
142	贵州	县域型	贵州省贵阳市清镇	贵州省清镇	2010.3
143	云南	地级市型	云南省临沧市	云南省临沧市	2012.4
144	云南	城区型	云南省曲靖市麒麟区	曲靖市麒麟区	2001.12
145	云南	县域型	云南省曲靖市陆良县	云南省陆良县	2008.2

续表

序号	所属省份	实验区类型	实验区全称	实验区简称	创建年月
146	陕西	地级市型	陕西省榆林市	陕西省榆林市	2009.1
147	陕西	城区型	陕西省宝鸡市渭滨区	宝鸡市渭滨区	2008.2
148	陕西	县域型	陕西省渭南市华阴市	陕西省华阴市	1996.1
149	甘肃	城区型	甘肃省天水市秦州区	天水市秦州区	1996.1
150	甘肃	县域型	甘肃省酒泉市敦煌市	甘肃省敦煌市	2010.1
151	青海	地级市型	青海省海南藏族自治州	青海省海南州	2009.1
152	青海	地级市型	青海省海西州蒙古族藏族自治州	青海省海西州	2009.4
153	宁夏	城区型	宁夏回族自治区中卫市城区（现沙坡头区）	中卫市城区	2006.11
154	新疆	地级市型	新疆维吾尔自治区克拉玛依市	新疆克拉玛依	2009.4
155	新疆	县域型	新疆昌吉州市阜康市	新疆阜康市	2008.3
156	新疆	县域型	新疆维吾尔自治区巴音郭楞蒙古自治州库尔勒市	新疆库尔勒市	2012.5